食尚設計
所肩負的重大任務

豐饒的日本、豐足的生活、豐富的飲食內容。
我們的飲食看似已經十分充足……

然而真是如此嗎？乍看之下現今的社會豐衣足食，何時何地都可立即獲取食物果腹，而正因如此，我們才更應當重新認真正視「吃」這件事。

我的工作是將吃的樂趣及喜悅傳達給大眾，讓人們感受到「美味」，就是我的工作。對各位來說，「美味」究竟是什麼呢？而定義美味的基準又是什麼呢？在昂貴餐廳裡吃的套餐料理就是美味嗎？還是高級壽司或A5和牛？確實，以上的食物絕對不難吃。但我所認為的美味，並非基於高貴／便宜、有名／無名所定義出的美味，而是無法藉由上述基準丈量出的「美味」。

會讓人感到「好吃」的料理，是在吃完之後不僅填飽了胃，連「心」也感到滿足的料理。使用了唯有當季、當地才能吃到的珍貴食材的料理、在當時的環境狀況允許下竭盡所能做出的料理，在這些料理中蘊含著人類的智慧巧思、勞動以及款待之心。在料理中注入了生產者以及製作料理的人「希望吃到的人能喜歡」的心情，反之，為了能感受到製作者的心意，有幸吃到這些食物的人也必須要鍛鍊出相當的感受性。因此，去打磨品嘗者的感受性亦是我重要的工作。

每天我的工作內容就是為了讓人感受到「美味」，有幸從事這種職業的我，經常被人問到我針對飲食以及日常生活進行設計時的目標。

我的答案很簡單，那就是希望消除世界上「難吃的束西」。有此一說，「難吃（まずい Mazui）」的語源來自於心靈的「貧乏（まずしい Mazushii）」，因此沒有設身處地為人著想的食物、欠缺體貼的食物便很「難吃」。在看似飲食已經富足無虞的現代，從事飲食相關行業人士失去分辨「難吃」感受性的陰影卻縈繞不去。

我想，去思考何謂不僅能填飽肚子、更能填滿心靈，使心靈富足的飲食及生活設計及對此提出問題應該就是我的任務吧。本書收錄了大量我自實踐中獲得的智慧結晶，希望能幫助餐飲相關從業人員、農產品的生產者、食品製造商、旅館及飯店業者、飲食設計顧問、設計師等業界人士、將來有志從事相關職業的人、甚至是更多廣義上和食的設計相關的人士在反思「食」的內涵時盡一點棉薄之力。

赤松陽子

CONTENTS

本書構成

◆ **案例CASE** 從以往筆者所經手過的專案企畫中挑出的事例，以企畫成果為樣本，分別針對各企畫的出發點、目標以及進行中的要點進行解說。

◆ **建議ADVICE** 接著會挑選出各位自己在執行飲食相關企畫時會遇到的幾項課題，以 Q&A 形式來進行解說。

DESIGN TO ENRICH OUR

- *Food & Life* -

日本食設計

從概念、設計到宣傳，
拆解 11 個日本飲食品牌策略

食と暮らしを豊かにするデザイン　地域らしさで成功するフード・ブランディング

赤松陽子〈作〉

周雨柟〈譯〉

MENU/RECIPE/PRODUCT DEVELOPMENT
LOGO/PACKAGE/SP TOOL DESIGN

SHOP/FACILITY/EVENT PRODUCE
SALES PROMOTION

YOKO AKAMATSU

\ SAMPLE /

瀨戶內餐酒館[1]
+plus

好吃為大前提。
揮灑「看起來好好吃喔」的魔法。

CONCEPT 概念

使用瀨戶內海地區食材的和洋融合餐酒館。

ORDER 要求

希望能活用集團旗下已經擁有數家日式居酒屋型態店鋪的優勢，打造出全新形式的大規模（100席以上）店鋪。

MISSION 任務

使用能直接看到生產者的瀨戶內海地區之食材，融合日式及西式的調理手法，開發令人耳目一新的菜單。以和食為基底，目標為打造符合跨世代需求不分男女老幼皆宜的店家。

1　バル為近年來日本流行的新型態南歐風餐酒館，台北此類餐廳多稱小酒館或餐酒館，亦有譯成Bal的例子。這家官網雖有繁中但翻譯未統一，故仍譯餐酒館。

START & GOAL

出發點

打造城市所需要的店

能輕鬆品嘗瀨戶內海食材的店家，大家都覺得應該不難找，卻遍尋不著。像這樣的店不正是街坊所需的嗎？在此之前岡山市內使用瀨戶內海食材的餐廳大多是稍微偏高級的店家。因此如果有非本縣來的訪客等場時有一間能輕鬆前往的口袋店家，大家應該會很高興吧？

▼ 把握現有的開店情況與附近的環境

○　身為日式居酒屋已經累積了一定的人氣

○　靠近車站，無論平日周末都有較多的人潮經過

△　因為屬於俗擱大碗類的店家，來客比例男性上班族高而女性客人偏少

△　位於有許多家連鎖店的路上，客人對店家抱持的期待不高

○ … 優勢　　△ … 待改進之處

目標

走休閒取向的中間價位餐酒館

使用大量至今只能在偏高級價位的餐廳才能吃到的瀨戶內海食材，設計出還在稍微偏高的居酒屋價格範圍內的和洋融合菜單。器皿不採用一般餐飲店常用的大量生產餐具，而改用有手工感的日式食器（民藝器皿）。同時也升級了包括料理照片及菜名的菜單內容，藉由讓人期待度倍增，符合時代氛圍的餐酒館菜單去吸引對於飲食有所講究的各年齡層。菜單也設計的兼具傳單功能。

Check!

▼ 檢查達成項目

☑ 菜單本是否會讓人想帶回家？

☑ 視覺設計是否超乎客人期待？

☑ 菜名以及菜單說明是否夠吸引人？

☑ 菜單內容是否不輸競爭店家？

「瀬戶內小酒館 +plus」的好讀菜單本，兼有讓客人帶走的傳單功能。

Client：REN Concept（股）、Food & Life Director：赤松陽子（Air.+.）、Photographer：池田理 （D-76）、Designer：池田理寬（D-76）、重名麻子（Air.+.）

1

菜單做為媒體的功能

設計出不只有點菜功能的菜單。這次的目標是做出讓客人可以帶回家並且捨不得丟掉的菜單本。不囿於以往餐飲業的思考方式,讓菜單化為有集客力的媒體,站在客人的角度細膩地去揣摩。製作時要提升客人對供應菜色(商品)的期許,以及納入超乎想像的驚喜。

2

利用關鍵的視覺來提升期望值

打造出讓人心生期待的視覺訴求是必要的重點。首先就要捨棄有工業量產感的營業用餐具。或許很多人會說「這樣就不能用洗碗機了」、「會容易缺角」、「成本太高」,但這些都不過是藉口而已,客人的眼睛可是雪亮的。俗話說「器皿是料理的衣裝[2]」,請學會如何選擇和料理相輔相成的器皿。店家也必須去學習認識器皿所扮演的各種功能。

2 北大路魯山人「食器是料理的衣裝」。

3

製作吸睛有梗的素材

不要採用目前仍隨處可見大行其道(連鎖家庭餐廳那種)的菜單照片,而要製作出像近來料理雜誌上能讓觀者對料理的想像無限馳騁的照片去傳達食物的美味。菜名以及說明菜色的簡短文案標語必須要讓人感到「這菜單不知道為何看起來好好吃!」。書寫文案時,要選擇能激發「這到底是什麼樣的料理」的興趣以及能想像出食物外觀和味道的辭彙。

▶ 如何進一步改善菜單的實例

△	高湯蛋捲 (普通的居酒屋菜單)
○	嚴選雞蛋高湯蛋捲 (欠缺獨創性)
◎	高湯蛋捲歐姆蛋 ～鬆鬆軟軟的歐姆蛋風高湯蛋捲～

△	馬鈴薯沙拉 (普通的居酒屋菜單)
○	招牌馬鈴薯沙拉 (欠缺獨創性)
◎	明太子沙拉佐里芋和蓮藕 ～同時擁有綿軟和清脆口感的真材實料沙拉～

4

設計引人入勝的菜單

設計出像雜誌一樣照片賞心悅目閱讀時樂趣無窮的菜單。視覺外觀占了食物美味要素的八成之譜。我建議大家應該要更加不遺餘力地去傳達「看起來好好吃」的概念。特別是瞄準女性客層的店家,務必要投入大量心力在視覺設計上。不過,要注意不要設計得太過,這樣反倒會把自己(店家)逼入絕路,富有設計感和看起來好吃完全是兩回事。

5

設計溝通交流的方式

這次將菜單本設計成可以帶回家,目標是讓客人覺得「還想再訪」、「下次還想試試看這道菜」、「想介紹朋友來」。除了菜單本,在店內的數位看板、海報上面也下了許多工夫幫助深度理解食物並縮短與生產者間的距離感。但要注意不要給人單方面過度推銷的感覺,在傳達時要本著這些工夫都不過是在盡自己本分的的態度。

針對海外客人製作的英文菜單。一眼就可看出這次造訪的店位於日本何處。附有地圖的明信片也是很好的紀念。

具體並引人入勝的菜單照片及菜單內文。

6

研發菜單時的重點

取巧的居酒屋創作菜單現在已經不流行了，製作菜單時務必要力求內容經得起考驗且能確實傳達給客人才是。如果要用隨處可見的菜單來一決勝負，在食材、味道等各方面就必須十分講究，否則便贏不了連鎖店。因此在設計菜單時要絞盡腦汁做出有原創性且不輸給別人的紮實菜單。雖然依各餐飲業型態而有所不同，但我認為正在逐漸消失的家庭料理要素會是今後一個重要的趨勢。

7

容易陷入的迷思

如果只一味追求流行，概念和菜單設計只模仿到表面皮毛，那麼消費者很快就會膩了。對地方的餐飲店來說，用「因為東京正流行」這樣的理由並不充分，在東京以外的地方去模仿東京消費者也不會買單。必須要設身處地深入客人的立場去思考當地城市的需求和如何打中顧客的心，如此一來，說不定就可以找到真正的答案。

8

達成的效果

以「地域性食材」、「和洋融合」這兩大概念所建構出的「瀨戶內小酒館 +plus」成功地為逐漸定型化的餐酒館型態注入一股全新的清流，吸引了不分男女老幼各年齡層的廣泛客層。對想要稍微向上挑戰的年輕客群以及對美食很有心得卻又不想要氣氛太正式拘謹的中高齡客群來說都是個好選擇。藉由打破「餐酒館就該如此」的固有觀念，用柔軟靈活的思考方式去企畫，才能成功打造出全新的飲食樂趣。

專案進行步驟

把握狀況
▽
確立任務
▽
設定目標
▽
策畫概念
▽
菜單／視覺的企畫與檢討
▽
開發出具體的菜單／食譜
▽
選定器皿（採買）
▽
調整擺盤、份量※、價格
▽
料理照片攝影
▽
設計製作菜單
▽
設計製作促銷廣宣工具
（※包含傳單與廣告）
▽
模擬營運
▽
進行個別調整與修正
▽
正式開張
▽
正式開張後的調整與修正

※ 份量…… 一道的份量

OKAYAMA OiSHiI MAP

岡山を中心とした瀬戸内地域と
全国の美味しい食材やお酒をプラスした
和と洋の Mix バル。
そんな瀬戸内バル +plus で使用している
瀬戸内食材の生産者さんをご紹介します。

1. 哲多和牛牧場　岡山県新見市哲多

哲多和牛牧場は、日本最古
の蔓牛（系統牛）である
千屋牛をきめ細やかな管理
で牛にストレスがかからない
様にのびのびと育てています。

菜單本中的主視覺、料理照片、介紹地區性食材及其生
產者的內容。生產者的介紹在店內的數位看板等媒體上
也可找到。

挑選器皿的方法

「器皿是料理的衣裝」。唯有料理與器皿搭配得好才能傳達美味與款待之心。和衣服（時尚）一樣，也要講求季節、流行趨勢以及TPO原則[3]。據說對人類來說決定美味的要素視覺（外觀）就佔了七至八成，也因此為了要傳達料理的美味，器皿的選擇便至關緊要。

3 Time（時間）、Place（地點）、Occasion（場合）。

QUESTION

01

器皿大致可以分成哪些種類呢？

 各種材料及技術所製成的器皿，種類相當多元。建議去理解各種器皿的質感及造型，並學會如何搭配料理去呈現所要的效果。

陶瓷器　陶器、瓷器等

玻璃製品　手工口吹玻璃、強化玻璃等

木製品　竹、杉木、檜木、橄欖木、胡桃木等

其他　錫、銅、樹脂、漆器等

QUESTION

02

根據料理的用途及概念不同，該準
備哪些種類的器皿呢？

例 如日式料理就用漆器的日式碗盤，西式
料理則是白瓷的西式碗盤等，備齊整套
同系列各種用途和尺寸的器皿也是一種選擇，
不過建議可以享受自己設計和搭配的樂趣。

銘銘皿／個人用
像套餐料理、會席料理等較為正式的料理，要分別盛
裝於個人用的器皿中。

大盤＋小盤
較休閒的料理可以準備上菜擺盤用的大盤和分食用
的小盤。

QUESTION

03

需要根據料理冷熱去選擇不同器皿
嗎？有要避免的不搭組合嗎？

舉 例來說，用較薄的玻璃器去盛裝溫熱
（熱呼呼）的料理玻璃會龜裂，用木製
品直接盛裝炸物等料理會染色留下汙漬。又如
要用到刀叉等會摩擦到器皿的料理不可以使用
漆器。搭配時必須要同時考慮到器皿的性質以
及外觀上的呈現效果。

QUESTION

04

該用何種觀點去運用有花紋的器
皿？

無 論選擇什麼樣的器皿，料理終究才是主
角，務必要找到料理與器皿個性的平衡
點。若想要使用有花紋的器皿，太過搶眼或者
太不顯眼都不好，必須要恰到好處。可從動筷
子之前料理和器皿的均衡以及開始吃的過程中
器皿花紋逐漸露出的形式等觀點去思考該如何
選擇器皿，如此可使呈現的效果更加有意思。

該用何種觀點去運用有色的器皿？

雖說藉由搭配不同色彩的器皿可以徹底改變料理的印象，但大前提還是要將料理襯托得更加出色。做法有很多，譬如可以和料理的色彩做出對比，使料理本身看起來更顯眼，或者選擇和料理看起來和諧的色彩讓整體看起來更優美等各式各樣的技巧。採用和食材同一色系的「同色系搭配」亦是時下流行的呈現手法。和衣服穿搭一樣，就算是同一顏色，也可以選擇不同的色調和質地去搭配看看。例如色調不同的綠色系沙拉整個就非常時尚。

請告訴我選擇餐具時該注意的事項。

餐具不僅要搭配料理的風格，更是食用料理時的重要工具，因此好用、稱手，讓客人吃起來很方便就是先決條件。考慮到有些客人不習慣使用刀叉進食，也可以一起擺上筷子。這種情況下也必須要考慮到料理上菜的方式（分切及份量）。若是採用西式設計的器皿，也不要忘了要選擇能夠與其設計搭配的筷子和筷架。

餐飲業等需要當相當數量的器皿，請告訴我如何去備齊看起來不廉價的器皿。

首先，和建築等費用一樣，器皿的購買費用也應該在一開始就列入預算中並確實去檢討。選擇高品質的器皿去搭配主菜以及想強調的料理，其他則依照優先順序去取捨挑選出恰當的器皿。如果盡是使用廉價的器皿立刻就會被客人看破手腳了。

此外，如果經營的是常被用來應酬接待客人等格調比較高的店，至少要做到在同一桌上每個菜色內容要使用相同的器皿的程度。氣氛比較休閒的店有時就算是同樣的菜色也會混搭不同的器皿去盛裝，但最終還是必須要視客人的用餐目的去準備調度。

請告訴我如何挑選表現季節感的器皿。

除了利用色彩和質感等表現手法外，例如日式的款待用器皿上會依據季節而有不同的彩繪或者裝飾，利用不同季節的植物和食材等去呈現。另外，過年或者女兒節等各大重要節慶也會有特殊的器皿和擺設方式，建議納入這些要素去享受其中樂趣。

另一個手法是利用器皿的產地去讓人和季節產生聯想。以沖繩的「沖繩陶器Yachimun」為例，除了和沖繩料理是天作之合外，也和夏天的食材很搭，用於夏季的菜色或者加了香辛料的重口味料理效果卓著，讓人看了就食指大動。器皿的搭配方法並無嚴密的規定，建議可一邊學習器皿的相關知識一邊找尋自己的呈現方式。

QUESTION

09

如果想要多多比較不同的器皿，應該要去哪裡（或者參考什麼）才好？

多 看營業用的專門餐具目錄或者去逛批發店街雖然可以獲得大致所需的資訊，但量產品多為工業製品，很難找到有個性富表現力的器皿。因此平日就必須去注意器皿，也必須要付出努力親赴窯場並具備造訪產地去學習的決心。如果只是全部交給業者處理是什麼收穫也得不到的。

QUESTION

10

有沒有學習器皿相關知識的好方法？

學 習器皿和料理一樣，唯有靠自己主動去汲取知識，腳踏實地孜孜矻矻地去學習一途。以往不靠自己實地去走一遭根本無從得知的職人和窯場，近年來透過社交網路媒體也變得更容易獲取相關資訊了。要好好活用社群網路媒體去收集資訊。我希望大家能以收集到的資訊為基礎再去更深入學習理解器皿，並體會挑選器皿的樂趣。

QUESTION

11

請告訴我選擇和料理調性合拍器皿的訣竅。

選 擇器皿的前提是必須要考慮全體的菜單概念以及想透過料理傳達的內容。為了避免料理的概念和器皿格格不入，如果選用的是職人製作的器皿，則要先去了解職人的品味、創作原點、窯場、產地和製作方法等，如此便可設計出完成度更高具整體性的搭配。

舉例來說，若希望直接表現食材本身未經加工的質感，比起用纖細的瓷器或者玻璃器，選用稍微質樸硬派或者狂野調性等讓人感到自然的器皿更佳。可試著用沒有上釉的陶器如備前燒、不用轆轤[4]加工的木製器皿或者手捏的陶器等去搭配看看。

4 功能類似車床。

QUESTION

12

請告訴我佈置桌面時器具搭配的訣竅。

器 皿的搭配設計和服裝的搭配設計十分相似。設計搭配時必須考慮到色調和質地的均衡、不經意的隨性感以及流行等要素。參考包括海外的社群網路媒體等資訊去進一步發展概念也是一個可行的做法。特別是專家的技藝中隱含了很多提示。

建議大家一開始可以一邊感受工業製品和手工品的差異一邊去設計看看。工業製品指的是許多有名的品牌所生產的瓷器或者玻璃器，有很多形狀一致的器皿。手工品指的是職人製作等很有風格的器皿。大家可以去發掘因不同質感所創造出的不同印象以及組合搭配的妙處。

全國器皿地圖

本單元以陶瓷器為中心介紹日本全國知名的器皿及產地。除了本書列出的器皿外,其他還有許多拿來當土產送人廣受歡迎的器皿或者產量很少但反應各地特色的器皿。要享受欣賞器皿之樂,不僅只看外觀,還要去注意各類器皿的特徵、產地、發源及流變。

❶ 沖繩陶器 Yachimun
始於琉球王朝時代

Yachimun即為沖繩方言中的陶瓷器之意。可分成外觀粗獷的「荒燒」及在紅陶上淋上釉藥的「上燒」。

❷ 有田燒
日本最初的瓷器產地,已有400年歷史

特徵是純白的底繪上色彩鮮豔的彩繪。因江戶時代承接荷蘭東印度公司的訂單讓彩繪有了長足的發展。

❸ 波佐見燒
西元1600年左右自朝鮮傳來

採用「石膏模」、「素底」、「窯場」分工制度,整個城市皆致力參與陶瓷器製作。

❹ 小鹿田燒
西元1700年左右自福岡傳來

有著「跳刀[5]」與「打刷毛目」等獨特的裝飾。昭和初年柳宗悅對其讚不絕口因此開始廣為人知。

❺ 龍門司燒
西元1598年自朝鮮傳來

最有名的就是於白色化妝土上交錯淋上飴釉、綠釉的「三彩流」。以富有光澤且雋永的日常品居多。

❻ 砥部燒
始於江戶時代中期

原本製作的是陶器,但因產出優質的陶石而開始製作瓷器。

❼ 萩燒
西元1600年左右自朝鮮傳來

以持續燒備受茶人喜愛的器皿而出名,從自古茶道界便有「一樂二萩三唐津」之讚可見一斑。

❽ 出西窯
由當地出身的五名青年所創

西元1947年才成立,雖然窯場歷史尚淺,但受到柳宗悅和李奇[6]的指導,以其現代主義及無自性[7]的風格廣受喜愛。

❾ 布志名燒
始於西元1750年左右

窯場創始之初生產的是茶器,明治期以輸出陶器達到極盛,爾後參加了民藝運動汲取了西洋風的陶藝技法。

❿ 牛戶燒
始於江戶時代末期

主要生產日常器具,其代表為用綠色和黑色的釉藥各半著色而成,配色優美的器皿。

⓫ 備前燒
自古墳時代傳承下來的六大古窯之一

帶有強烈紅色的陶土魅力及在窯中隨機產生的紋理宣示著高度存在感。

⓬ 丹波燒
自中世傳承下來的六大古窯之一

江戶時代末期起在裝飾法上有了更多的進步,持續製作紮根於生活的器具。

⓭ 越前燒
始於平安時代末期的六大古窯之一

北陸地方[8]最大的窯場。以前燒窯的集團會聚集在有優質陶土的地方,等到陶土用盡後就會移動到下一個地點。

⓮ 信樂燒
與時俱進的六大古窯之一

粗糙的質地中含有細細的石粒。特徵為古樸蒼勁的風格。

⓯ 伊賀燒
始於中古世紀的古窯

耐火性高,特徵為歪斜、燒焦、缺損等豪放的造型之美以及玻璃質的深綠釉色。

---

5 日文原文為飛び鉋。讓轆轤(拉坏機)旋轉,用刨刀於半乾的表面上削去陶土創造出連續的花紋。 6 Bernard Leach。 7 取自哲學家山本空外萬物因緣而生而無自性之說。即佛教的緣起性空。 8 日本本州中部靠日本海側的地區。

⑯ 山中漆器
安土桃山時代因木地師[9]移居此地而發源

一開始是做為山中溫泉的土產，江戶中期發展成漆器的產地。木紋優美被認為極富藝術性。

⑰ 輪島塗
《今昔物語》中亦有出現顯示輪島和漆器淵源的文章

特徵為在上漆前包上布料去補強，再反覆塗上好幾層漆厚實且堅固的上漆手法。

⑱ 鎚起銅器　金屬工業
起源於江戶時代原為副業

持續生產鎚起銅器的唯一產地。在銅器上著上多種顏色的技術只在燕三條[10]找得到。

㉓ 曲木盒[12]
西元1600年代起開始廣為製作

使用日本三大美林之一的秋田杉，彎曲杉木後用山櫻的樹皮固定所製成的曲木器。

㉔ 南部鐵器
始於西元1600年代因藩主推廣而發展

因同時享有所有優良原料皆產自當地的地利之便，生產十分鼎盛。特徵為纖細的鑄造表面以及重厚雋永的著色。

㉕ 鳴子漆器
發源於西元1600年前半葉

一般認為是領主令當地的漆器職人和蒔繪職人去京都修行為一開始的起源。塗漆的技術十分優秀，包括可做出流動墨色紋樣的「龍文塗」等。

㉖ 會津塗
一般認為始於西元1590年

成為藩主的蒲生氏鄉著眼於漆資源，命木地師和塗師等移居並鼓勵產業發展為開始發展的契機。

㉗ 益子燒
始於在笠間修行的陶工於西元1853年所建立的窯場

砂質多較不黏的土質孕育了偏厚實且樸素的溫暖之感。另一個特徵是暗紅色的「柿釉」及「綠釉（灰釉）」的釉藥。吸取了民藝運動的潮流，以實用的器具居多。

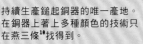

⑲ 木曾漆器
始於17世紀初，於江戶時代發展

亦稱為「堅地塗」、「堅地漆器」，特徵是使用時間越長更添溫暖的光澤，且堅固耐用。

⑳ 美濃燒
自平安時代的須惠器[11]發展而來，始於鎌倉時代

因桃山時代茶道流行的背景下開始出名。江戶時期亦生產了大量的日常餐具，目前占日本國內和食餐具的六成市占率。

㉑ 常滑燒
中世產量最大的窯場，日本六大古窯之一

一般認為自平安時代末期時就有窯場，特徵為含鐵量高的朱泥紅陶器。

㉒ 瀨戶燒
擁有1000年以上歷史的日本六大古窯之一

自古墳時代起就開始製作陶器的地區。從鎌倉時代開始成為日本唯一一燒用施用釉藥陶器的窯場。「瀨戶物」至今仍為泛指東日本陶瓷器的代名詞，當時榮景可見一斑。過去亦十分積極地輸出至海外。

㉘ 江戶硝子
18世紀初因製作眼鏡及風鈴而發源

繼承了江戶時代以來的製法，用手工製作的玻璃器。「江戶切子」是透過切割江戶硝子的表面所製成。

㉙ 小田原漆器
始於室町時代中期因北條家的推廣而開始發展

藉由「木地呂塗」、「摺漆塗」來強調櫸木的木紋。堅固且少歪斜，實用性非常高。

---

9 使用轆轤製作加工木器的職人。　**10** 位於新潟縣。　**11** 高溫燒製成的硬質陶器。　**12** 日本原文為曲げわっぱ。

02 老品牌概念店的品牌再造

\ SAMPLE /

NISHI KURA

讓歷久不衰的經典和現代的生活時尚接軌。

概念

可讓人感受到既嶄新又有懷舊感的「伴隨著日本酒的生活」，傳達來自酒藏[13]訊息的概念店

13 釀酒廠。

要求

希望能重新打造由已傳承200年以上的老牌酒藏所經營的餐廳設施。

任務

承繼在悠久歷史中持續將地域和居民緊密連結起來的老牌酒藏的精神，目標為符合時代潮流，又能向新世代傳遞其精神的翻新改造。

START & GOAL

出發點

希望傳遞享受日本酒融入生活之樂

御前酒是在靠近旭川水源，非常自然的地方所釀造，廣受地方居民及王公貴族喜愛的日本酒。為了向下一世代的年輕人傳達日本酒的美味，首先必須要設計出能吸引他們來到酒藏的方法，在參訪過程中讓他們感受到歷史，最終才能對日本酒產生親近感。

▼ 不去酒藏的理由

- 因為不喝日本酒，所以酒藏和我沒關係
- 因為不能喝日本酒，所以不知道去酒藏能幹什麼
- 不清楚日本酒的品飲方法
- 無法想像有日本酒的生活型態

目標

轉型為符合現代生活的嶄新設施

不僅止於賣日本酒的店以及酒藏所經營的餐廳等功能面，而是希望能讓不喝日本酒的年輕世代感受到日本酒為生活帶來的豐富可能性，並將其融入日常生活。目標是建構出能提供特調咖啡、販賣器皿及原創商品、創意小物的設施，並設計成讓訪客能在嶄新的設施中毫不費力地體會到文化和歷史的場所。

▼ 檢查達成項目　Check!

- ☑ 是否有技巧地使對日本酒不熟悉的人也能產生興趣？
- ☑ 是否成功融入讓不能喝酒的人在參訪酒藏時也能玩得開心的要素？
- ☑ 是否在不輕視傳統的前提下傳達其優良的本質？
- ☑ 是否成功提案出年輕世代會接納的風格？
- ☑ 在店裡是否能成功想像日本酒融入生活？

店內照片。「NISHIKURA」是由商店「SUMIYA」、餐廳「お食事 西藏」、以及咖啡廳「Nishikura Café」所構成。

Client：辻本店（股）、Food & Life Director：赤松陽子（Air.+.）、Photographer：內田伸一郎（內田伸一郎攝影事務所）、Illustrator：坂本奈津子、Designer：重名麻子（Air.+.）

1

設計品牌形象

以溫故知新的概念為出發點，一面考察「何為保護傳統的本質」，一面去組合能表現概念的要素。日本酒並非陳腐過時的酒，而是長年與日本人的生活相輔相成的產物。利用設計完善的視覺表現去傳達日本酒做為日式餐桌上不可或缺的要素，希望人們將日本酒融入生活的期許、古老卻新穎的感覺、手工的樂趣、以及懷舊感。

2

融入「新舊共存」

咖啡廳為和現代生活型態接軌的要素，在此提供特調咖啡、原創甘酒拿鐵、使用酒粕做成的起司蛋糕等菜單。裝潢則將酒藏中留下的古老工具再利用，使來客可親眼看到歷史、感受歷史。此外，運用受江戶時代的商號所啟發的Logo設計以及使用手繪插畫的促銷廣宣工具設計讓整體表現更貼近當地生活圈以及地區歷史。

3

設計空間

採用最能發揮出倉庫這種空間特色的設計。注意天花板的高度以及梁的呈現方式等細節，組合各種如設置樓中樓空間等可讓人從各種角度觀看倉庫的手法。除此之外，使用實際在倉庫找到的釀酒工具（酒槽和木桶等）來佈置，營造出讓訪客對酒藏歷史的想像能夠馳騁延伸的空間。

▼ 需要設計的工具清單

各店名 Logo	・SUMIYA ・Nishikura Cafe ・お食事 西藏
SP※ 促銷廣宣工具	・設施介紹摺頁 ・商店名片 ・各種商品摺頁
販賣用商品	・日式手巾 ・明信片 ・豬口杯 ・原創設計圍裙　等， 製作時要意識到和既有的主力商品(日本酒等)的協調性。

※SP … 行銷 Sales・宣傳 Promotion

4

與日常生活場景接軌

為了讓人去想像「伴隨著日本酒的生活」，必須創造出和受眾（客人）生活場景有關連的具體形象。目標為讓人感受到日本酒並非遙不可及，而是和咖啡等飲料一樣是融入日常生活，唾手可得的存在。此原則不僅限於日本酒，在重新打造老店品牌時，如何去設計老店和新客人的距離感是至關緊要的。

5

容易陷入的迷思

抹消至今以來悠長歷史軌跡的形象轉變和盲目追隨當下流行的設計都相當的危險。這些都是在進行老品牌的品牌再造及關連設施翻新時容易犯的錯誤。在這之後歷史依然會持續下去，因此必須致力於能將傳統及文化傳承給下一代的設計。

商店裡販賣的器皿以及原創商品的照片。藉著一系列和日本酒有關的用具等
商品，打造出生活風格提案。

6

立足於出發點放廣視野

在進行有歷史的設施或者業種的品牌再造時，
原本就必須要奠基於對其文化脈絡、地域背
景、各業界常識的理解之上再去著手改造。
將現在的問題點、潮流以及今後業界的走向、
在地區社會及文化所扮演的角色等因素納入
考量，在理解了業界整體課題的大方向後，
再向下落實到各個細節是十分重要的。

7

眼光放遠向下紮根

藉由納入溫故知新的觀點，不求速成速效，
而是著眼中長期，找出該傳承下去的內容的
表現方式。能夠歷經漫長歲月保留至今的歷
史自有其獨到之處，要能確實捕捉到這點是
很重要的。此外，品牌再造的專案並非在專
案期間結束時就要完成立竿見影，而是要想
像好幾年後的狀況再去計畫。檢討的對象不
僅要包括自己公司（該特定公司），而必須
包含整體業界。

8

達成的效果

做為生活風格提案空間的「NISHIKURA」正
式開張。令人懷念的同時也讓人耳目一新，
空間設計和室內裝潢都保留了懷舊感，卻可
帶給人具現代感的視覺印象。此外，藉由增
設讓客人不用考慮太多就能進去的咖啡廳空
間以及販賣酒廠原創商品及器皿雜貨等商品，
成功吸引了以往不曾造訪的年輕世代的客人。

專案進行步驟

把握現狀

找出問題點

決定該走的方向性
（※ 到此為止皆不侷限於該特定案子，
同時要考慮到業界整體的狀況）

設定專案整體概念

設定各項細部概念

決定達成整體概念所需程序
以及視覺設計之方向性

檢討各項細部視覺設計
之方向性

檢討各項設施及設計的
平衡

檢討各項細部室內設計、
佈置設計

檢討促銷廣宣工具、設計製作

檢討其他項目（販賣商品等）、
設計製作

檢討開店模擬

模擬營運

正式開張

正式開張後修正

咖啡廳及餐廳的料理照片。將活用酒粕及酒麴
等釀酒廠特有的發酵調味料所製作的料理和甜
點搭配美麗的器皿去擺盤設計。

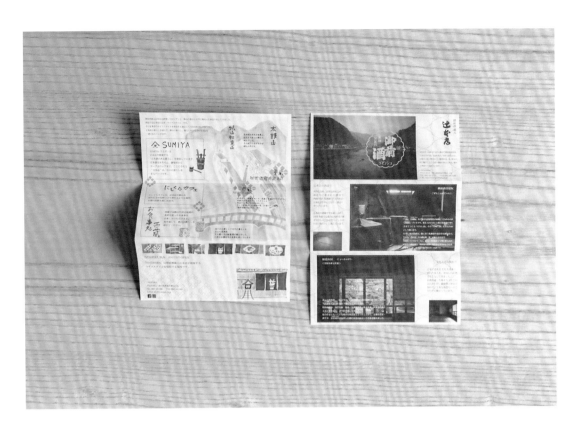

宣傳促銷用工具。利用書寫文字及插畫去醞
釀出伴隨著日本酒的優雅日常。

展店

此處介紹目標為從零開始開店的做法。正因為我們身處於能輕易獲取食物，商品也過度氾濫的時代，唯有開店目的不止步於販賣食物，而會去思考如何傳達食的本質，透過食物想要傳達何種訊息等，擁有抽象本質上核心概念的店才能長保人氣不衰。即便店的規模很小，但若能藉著自己獨特的方式傳達吃的樂趣，一定也能夠成為有強大影響力的店家。

QUESTION

01

請告訴我開業時應當考慮的事項。

首先，盡可能寫下所有能想到的具體想法，越多越好。這些想法會是之後要建構概念故事以及打造實體店面視覺時的重要要素。

○ 為何想要自己開業
○ 為何想要開店
○ 希望什麼樣的人去如何利用這家店
○ 這家店希望為利用的人帶來何種幸福

接著可以想想自己要怎樣的店面設計、選在那個地點才會有人上門、要有怎樣的營業內容才可以經營下去等，開始一一去決定店面設計及目標動向、地點、人手、成本等具體細節。寫好事業計畫書，籌措資金，尋找店面，然後去研究室內室外的裝潢。

QUESTION

02

請告訴我在店面正式開張之前必要的準備。

必要的準備和手續會因為每家店要賣（做）的東西以及賣法不同而有所變化。但最重要的還是要提供的餐食本身。不僅外觀，裡子也絕對不能放水。

把握商品量以及菜單數量

- 販售商品量
- 販售菜色數量（必要的器皿數量）
- 收納、陳列用器具設備……收納量／陳列量
- 選定必要廚房設備
- 選定其他必要機器設備　等

法規檢查表／各類申請

Check!

☑ 食品衛生法　☑ 餐飲店營業許可
☑ 消防法　☑ 酒類販賣許可
☑ 建築法　☑ 食品製造許可　等

QUESTION

03

開店場所確定後可以立即進入施工階段嗎？

建議先將概念和整體印象確實建構好之後再著手處理建築施工與硬體。如果在概念還很模糊的階段就開始，很容易就被施工業者牽著鼻子走。如果不能呈現出自己的想法，那最後完成的就會是隨處可見沒有個性的店。建築的外觀表現是將店家想法利用視覺呈現給大眾的重要要素，應當慎重行事。

QUESTION

04

Logo等視覺設計應該在什麼時間點委託下單呢？

設計也一樣，要等到概念已經確定成形後再發案。若案主（委託人）的想法以及意向還未定下來，只會導向失敗。當然，委託時不需要使用精確的語言或者明確的圖像也可以，將概念化為具體形象正是設計師的工作。話雖如此，委託時必須要提出之前一個階段的「理念」及「想法」。

QUESTION

05

如何與設計師討論及統合整體印象？

案主（委託人）傳達了自己的意向以及想法後，會請設計師根據內容去評估、提案出最佳的表現形式。建議使用自己的話盡可能將已想好的視覺形象告訴設計師，設計師並不是算命師。

和設計師的討論方式，與其說像是去請算命師尋求預測明燈，不如更接近醫生去診療病患，聽取症狀再對症下藥。在已知範圍內去確實傳達目前的狀況是很重要的。看到設計師的提案後，要再反饋自己的心得感想。

QUESTION

06

請告訴我委託設計時容易失敗的模式。

在確實整理好自己的理念和想法之前就去委託設計註定會失敗。設計出的視覺呈現整個就是胡亂猜想出的結果，最終會變成一家無法傳達自己想要傳達事物的店。為了能和設計師溝通得更順利，雙方必須要能互信且互相去交流彼此的興趣以及使用的語言。

如果不小心委託到不具備食物專門知識及不了解餐飲業界的設計師，很可能會獨斷設計出好像在其他地方見過的設計或者無視實際營運需求的設計。最好能綜合經驗、好溝通程度、擅長表現的方向性等要素去選擇設計師。

如何去掌握地區的需求及潮流？

必 須要廣泛地掌握食物相關業界包括全國的潮流。不僅限於研究目標地區，更要將觸角延伸到全國各地，除了調查資料外更要親眼考察，實際去吃吃看。讓自己具備更多知識是十分關鍵的。大型食品製造商的動向以及國家（政府）的方針當中亦隱藏著重要的提示。不過要注意的是，如果在大型廠商已經開始動作後才開始模仿就已經太遲了。

要怎樣才能找到優良的食材供應商？

若 店主（委託人）的理念和想法已經底定，那和店主擁有相近理念的食材供應商就會自然浮現。除了直接尋找生產者及創作者之外，也可以造訪複合品牌選品店或者展覽活動，進一步去理解各品牌的概念及理念，如此一定可以碰到良好的機緣。注意要考慮到對方的想法以及不要破壞已經建立起來的人際關係。

在概念中該融入怎樣的品牌故事呢？

該 傳達的故事必須要能讓人「共鳴」。店家要讓希望傳達的理念及歷史、成立淵源等引起客人的共鳴，使客人不僅感受到店裡提供販賣的商品及服務的價值，還有背後的品牌故事。如果營造出讓人想特地跑去那家店，實際接觸後會想要購買，貼近顧客距離的概念，就可直接請顧客感受到現場的魅力。

將唯有在該地才能體驗、購買得到的「概念菜單」及「概念商品」等加入提供的各種商品服務選項中，使客人透過體驗和購買也可體會到特殊的品牌故事。

請告訴我如何去宣傳強調我的店裡有提供當地食材或者使用了該食材的商品及料理。

如 果店裡只有供應一項地區食材或商品，要去向客人推廣單獨品項會有相當的難度。必須要提供一定程度的種類或者有整體性地去供應、陳列展示地區性商品等，下一點讓人感受到「地區」的工夫。

具體來說，可以提供組合了多個當地特產的菜單、食譜、以及吃法的提案。在桌面佈置以及擺設中也納入複數的在地要素，將各自的關聯性串連起來，且不要忘記要融入季節感。唯有在此時此地才能吃到的當季菜色是相當大的賣點。

要如何宣傳正式開張的消息？

這 會根據概念及目標客群、新店開張或者是整修後重新開張等條件而有所不同。有在正式開張前就開始設置看板或派發傳單去宣傳、發布新聞公關稿、仰賴附近居民的口耳相傳……等做法，必須去思考何者才能最有效地傳達自己的魅力。如果並非個人經營而是大規模的餐飲店等形式需要相當多來客數的情況下，也可考慮運用付費廣告。

請告訴我如何有效維持運用（更新）網站及社群網站服務的方法。

方 法視想傳達的概念而定，但如果要做，最重要的就是要每天勤勞不懈地持續下去。只更新個幾次當然無法傳遞你想傳達的內容。一旦停止更新，更會帶給人店家是否沒在經營（或停止營業）的印象。雖不用勉強每天拼湊出想法去更新，但應當去思考能定期去貼文，且客人看了會開心的內容及留下良好印象的形式。

在發包店面設計時應該考慮那些要素？

必 須要明確地知道自己希望營造出什麼樣的店、品牌概念以及目標客群。經營形式、地點條件、希望有的座位數、陳列商品數等也應該盡可能整理出來。列出的要求越具體越不容易失敗。

若店面會販賣商品，則除了陳列商品數外還要一併考慮清楚需要儲藏的包裝類、所需的庫存數量等和收支計畫息息相關的數量。若是經營餐飲店，則必須搭配銷售計劃一起事先檢討所需的座位數、配合菜單的廚房用具設備等。發包時要選擇符合自己需求目標且營運時能夠有效率執行的設計。

正式開張後的調整及軌道修正需要考慮那些要素？

必 須利用來客數以及營業額等實測到的數據去評估概念是否確實傳達給目標客群。如果結果顯示效果不彰時就需要修正。同時也必須檢視本來一開始設定好的方針（視覺設計或者執行方法等）是否在不知不覺中走樣了。

事先決定好一個期限，訂立來店數及營業額的達成目標，再依照項目確認是否達成目標。檢查視覺外觀（擺盤、份量等）是否被隨意更動，同時也要思考執行手法是否實際，如果發現執行有困難則要加以調整，若有不足之處或者問題點則要想辦法改善。

商店廣宣品的種類

商店廣宣品扮演的其實就是商店的業務員角色。讓人接觸到這些工具後去想像一家很好的店，可增加來店或者再訪的動機。在充滿了各色各樣設計的環境中，如何利用這些實際會摸到接觸到的工具做出比其他店家更好的呈現，進一步傳達出商店特有的訊息及想法是非常重要的。

QUESTION
01

必要的商店廣宣品有哪些種類呢？

店廣宣品可大致分成宣傳促銷用商店廣宣品以及販售用工具（品牌原創商品）兩種。此處介紹宣傳促銷用的工具。

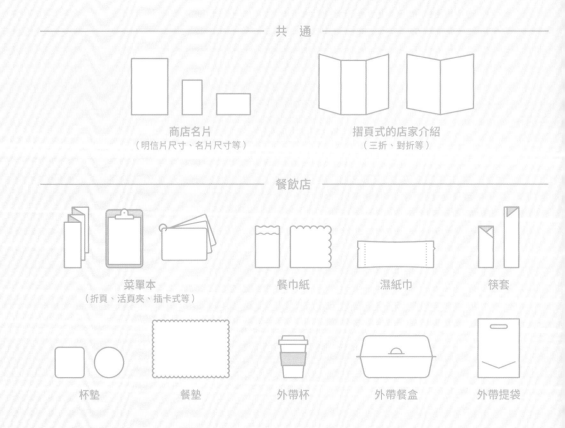

——————— 共　通 ———————

商店名片
（明信片尺寸、名片尺寸等）

摺頁式的店家介紹
（三折、對折等）

——————— 餐飲店 ———————

菜單本
（折頁、活頁夾、插卡式等）

餐巾紙

濕紙巾

筷套

杯墊

餐墊

外帶杯

外帶餐盒

外帶提袋

包裝紙

購物提袋

禮品包裝盒

品牌貼紙

禮品包裝緞帶

禮物小卡

標價牌

品牌標籤、吊牌

折頁加工

裝訂加工

店家介紹或者菜單等常用包二折或者觀音折。折頁加工還有非常多的種類，可根據資訊量以及符合目標的架構形式去選擇。

裝訂成冊也有各式各樣的方式。看是要讓客人帶回的小冊子或是要立起來的菜單本，所需的強度也會不同，建議選擇看起來不廉價的加工。

QUESTION
02

有沒有可以採用自製（手寫或印刷）或者市售包材就足夠的工具？

QUESTION
03

請告訴我照片和插畫效果的差異。

這 要視店的概念以及目標客群、商品價格帶等而定。市面上既有的包材若選擇得當用起來也可以很協調，但若一不小心選得不好，則可能造成東一個西一個搭不起來的情況。此外，無法持續維持下去的規格樣式是沒有意義的。但若所有的工具都要自己原創去下單製作也會花費太多費用，因此建議要將持續性及性價比等要素納入再去和設計師討論。

舉 例來說如果使用照片，則可相當具體地呈現出料理。若使用插畫，比起說明料理內容，更著重於印象的傳達方式（為受眾留下較多想像空間的溝通方式），依照畫風（繪畫的品味）不同，會強烈影響到對料理（甚至是店家）的印象。不過，就算用照片也可以去強調印象（氣氛）要素去改變傳達方式，因此要視店的概念以及目標去選擇最有效的運用方式。

03 戶外設施附設餐廳的品牌再造

蒜山鹽釜
露營
度假村

利用活潑生動的視覺圖像傳達人在大自然中的樂趣。

概念

無論時間、對象、人數皆可享受「自然中吃到的美味餐食」

要求

將當地知名企業長年經營的自然遊憩設施全面整修。也希望能一併重新打造露營場附設的餐廳。

任務

考慮到營運時的執行方式要能夠承受平日和假日的來客數差距，將免裝備也可享受露營之趣的奢華露營[14]場附設的餐廳改造成家庭、朋友、情侶皆宜，洋溢戶外感的山中獨棟木屋式的餐廳。

14 Glamping，由Glamourous加上camping所組成，為新型態的免裝備露營，其他譯名如野奢露營、豪華野營，奢華野營等。

START & GOAL

出發點

早周邊設施一步打造現代風餐廳

意識到幾年前開始流行到全國的戶外活動風，早周邊地區一步去重新打造既有設施。設施翻新包括了大規模的工程，主題是「免裝備也可享受露營趣的奢華露營」。目標為廣開大門讓戶外活動的新手也可以輕鬆體驗，因此該設施所附設的餐廳也必須能夠接待同樣廣泛的目標客層。

▼ 把握新設施整體的修正形象以及附近區域的狀況

設施的整體印象

BEFORE ➡ AFTER

屬於上個世代，全體設施風格老舊 ➡ 跟上近年來戶外活動風潮的設施

老舊的食堂 ➡ 現代感的戶外餐廳

附近區域的狀況

○ 大自然景觀
○ 靠近高速公路交流道   ○ … 優勢
△ 周遭地區整體都顯老舊   △ … 待改進之處
△ 平日／假日、旺季／淡季的來客數差距甚大

目標

更新以往設施的形象

將從泡沫經濟時代以來就沒變過，風格老舊的設施形象更新成符合現代風潮的設施形象。具體地去思考現代的家庭、朋友、情侶的餐廳利用情境，並落實到細節。菜單中，就算是經典讓人可放心點菜的菜色，也可藉著運用新的味覺、調理法、器皿以及上菜方式等不同的細節去呈現新時代的戶外主題。

▼ 檢查達成項目

Check!

☑ 是否成功展現了新設施的形象？

☑ 是否成功加入了戶外風格品味？

☑ 菜單內容是否符合訪客的期待？

☑ 是否成功營造出超越一般常見戶外感的特別印象？

「蒜山鹽釜露營度假村」裡的鹽釜餐廳及周遭環境的
照片。

Client：兩備Holdings（股）、Food & Life Director：赤
松陽子（Air.+.）、Photographer：池田理（D-76）、
Designer：古戎千夏（listen design）

1

具備娛樂要素的菜單內容

去設定僅利用餐廳的客人、露營客、利用商店的客人等不同種類的客人想要外帶飲料時的情境,分別設計出配合設施設計的菜單,並檢討器皿等呈現方法。不僅只讓形象概念主導一切,更要考慮來客數有所增減時的執行方法,去適應各種變化。同時要努力設計出擁有戶外開放感、讓人躍躍欲試具有娛樂功能的菜單內容。

2

提供適合各種利用情境的選項

建議在建構菜單時,腦中能夠具體浮現實際利用時的情境。例如針對只利用餐廳的客人部分,分別再細分為適合家庭、朋友、情侶等不同身分組合以及午餐或晚餐時段的菜單選項。此外,針對露營客,可分為完全不需自己事前準備的烤肉選項以及希望追加單項烤肉食材的選項。同時為了路過的訪客,也準備了可提供外帶的菜單選項。

3

發揮地點優勢的菜單本

菜單本的設計除了要讓客人感受到和連鎖家庭餐廳的差異性外,同時要表現露營質樸不加藻飾的氣氛。設施位於有著滿滿戶外氣氛的地點,由於餐廳的室內裝潢也搭配了露營的風格,故菜單本使用了木質封面,並烙上Logo,呈現出和都市裡大不相同的效果。我們選擇用菜單的第一頁先介紹餐廳的品牌概念,之後再進入具體的菜單介紹。

▶ 菜單本的結構

運用木質封面導入和自然接軌的印象

放上風景照片並說明周遭環境,讓人感受自己來到脫離日常生活的特殊場所,轉換一下心情

透過充滿戶外風的菜色大合照去營造活力滿滿讓人躍躍欲試的氣氛

主要利用視覺提示去介紹實際的菜單選項

4

菜單呈現的要點

調整菜色名稱、器皿選擇、擺盤方式的平衡以符合設施形象以及各項料理的印象。要避免安排地太過精巧零散,而是做出大塊大塊的動態感,特別要致力於營造出高度以及份量感。菜單的說明也要依循一樣活潑的調性,如此便可以傳達戶外快樂用餐的氣氛和形象。

5

設計溝通交流的方式

設施利用者的目標客群為戶外活動的新手。除了可讓廣泛的客群輕鬆體驗豪華露營的設施設計之外,我們首先特別致力於建構容易和一般人溝通戶外活動概念的方式,透過就算不露營也可以利用的餐廳,讓人們開始覺得「戶外活動好像很好玩」、「下次我也來挑戰看看戶外活動好了」,進一步成為新手入門的契機。

戶外設施附設餐廳的品牌再造

餐廳的菜單本，運用了木製的封面。

6

容易陷入的迷思

菜單的風格如果悖離戶外等主題，或者反過來，受到粗獷豪邁的戶外風太多影響而無法營造出不經意的隨性感，就有可能導致設定的形象支離破碎或者變得太過粗野。此外，在前一個案例也曾經提過，別忘了菜單的設計要夠吸引人，讓人忍不住想知道「究竟是怎樣的料理？」。就算是經典菜色，也要下點工夫去做出亮點。

7

和自然相互輝映的搭配

為了讓戶外的氣氛不要在餐廳被中斷，導入了一般食堂不會用到的鑄鐵鍋等器皿。藉由巧妙利用從調理到擺盤上菜的一連串流程去提升戶外風格的呈現力度。此外，使用大膽的食材切法、擺盤、份量、配色，可和自然相互輝映效果更佳。

8

達成的效果

說到現在已經成人的這個世代兒時對露營的印象，不外乎咖哩、烤肉、鐵便當盒炊飯，不僅和時尚流行八竿子打不著邊，準備又麻煩、又熱、又冷、還有蟲……。專案成果成功扭轉了這些對戶外活動不抱持好感的人們的印象，讓大家認為戶外活動可以時尚又舒適，有趣又輕鬆，當然食物也好吃，還可在社群網站上曬美照，達成了預期中的迴響。

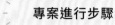

專案進行步驟

把握狀況

確立任務

設定目標

策畫概念

菜單／視覺的企畫與檢討

調整出具體的菜單／食譜

料理照片攝影

設計製作促銷廣宣工具

（※包含傳單與廣告）

模擬營運

進行個別調整與修正

正式開張

正式開張後的調整與修正

風そよぐ
緑の小道を抜けて

~冷たい泉のほとりのレストラン~

豊かな自然、おいしい空気。
ようこそ塩釜レストランへ。

当店でお出ししているお水は、塩釜の冷泉のお水です。
中蒜山のふもとから湧き出る美味しい名水を、ぜひご堪能ください。

川のせせらぎに
耳を傾けながら

菜單本的第一頁。針對餐廳的介紹以及豐富有活力的跨
頁主視覺。

当店でお出ししているお水は、塩釜の冷泉のお水です。

Dessert! Lodge

アウトドア感漂う
本格焼プリン

濃厚チョコがとろ〜り
贅沢ガトーショコラ

Lodge

Pudding

ロッジプディング

焼プリンバニラアイストッピング

1000 円

（塩釜冷泉スペシャリティコーヒー付き）

※塩釜冷泉スペシャリティコーヒーは、塩釜冷泉スペシャリティ紅茶、古都の丘ハーブのハーブティーに変更可能。

800 円
（ドリンクバー付き）

600 円
（ドリンクバーなし）

Lodge

Fondue Chocolate

ロッジフォンデュショコラ

1050 円

（塩釜冷泉スペシャリティコーヒー付き）

※塩釜冷泉スペシャリティコーヒーは、塩釜冷泉スペシャリティ紅茶、古都の丘ハーブのハーブティーに変更可能。

850 円
（ドリンクバー付き）

650 円
（ドリンクバーなし）

スキレットで焼き上げたオリジナルプディング。おすすめアウトドアスイーツです。

ガトーショコラとチョコフォンデュの贅沢スイーツ

・単品価格に、+200 円でドリンクバーが付きます。
〔コカ・コーラ／メロンソーダ／カルピス／カルピスソーダ／ミニッツメイドオレンジ／ミニッツメイドオレンジスカッシュ／煎茶／烏龍茶／爽健美茶／コーヒー (Hot/Ice)／カフェラテ (Hot/Ice)／カプチーノ (Hot)／抹茶ミルク (Hot/Ice)〕

価格はすべて税込価格です

ここでしか味わえない
サードウェーブ発なたっぷりのコーヒー

Lodge

Specialty Coffee

塩釜冷泉スペシャリティコーヒー

600 円

Lodge

Specialty Tea

塩釜冷泉スペシャリティ紅茶

600 円

Lodge

Snacks

テイクアウトメニュー

A ポテト ——— 300 円（M）500 円（L）
（ハニーマスタード／ケチャップ）

B PIZZA ——— 1200 円
（トマトソース／ホワイトソース）

C ナゲット ——— 300 円（M）500 円（L）
（ハニーマスタード／ケチャップ）

ドリンクテイクアウト ——— 250 円

オリジナル
BBQソース

Lodge

BBQ set

ロッジ BBQ セット

お一人様
3240 円
（2名様〜）

リッチな
朝ごはん

Lodge

Morning

ロッジモーニング

1080 円
（ドリンクバー付き）

Smoothie
スムージー

Zenzai
塩釜栗ぜんざい

フルーツスムージー ——— 400 円
バナナスムージー ——— 400 円

Soup

950 円

ひるぜんミルクソフトクリーム ——— 300 円（Small）400 円（Regular）

塩釜栗コーヒー ——— 300 円

利用戶外感洋溢的照片與印刷手寫字去吸引目光的菜單（摘選自菜單本）。

拍攝出美味照片的方法

料理照片為直接傳達料理美味的重要工具。在看到真正的料理之前,如果照片裡的料理看起來不好吃的會導致印象大大扣分。大家應該都有看到最近無論是雜誌或者社群網路等各種媒體上都充斥著看起來時尚漂亮的「看起來好好吃的照片」吧。如果對自己的攝影能力沒有自信,就算不惜要借助專家之力也一定要使用看起來好吃的照片,效果絕對比較好。

QUESTION 01

拍攝料理照片時要注意哪些點?

拍攝時除了要思考拍的是什麼料理、味道如何、哪裡是賣點之外,還要將觀看料理照片的人是什麼樣的人、為了什麼目的而看的要素納入考量。例如若要拍鮮脆的蔬菜沙拉,則照片要能傳達蔬菜青翠新鮮的色彩。如果拍的是有濃稠勾芡或淋上煮汁的燉煮料理,則要將湯汁的濃稠感、裹著食物的色澤及光澤清楚呈現,拍起來才會讓人覺得好吃。

QUESTION 02

請告訴我可讓料理看起來很好吃的色調。

一般來說,料理的顏色在自然光或者暖色系的光源下看起來會比較好吃。日光燈的白光會給人冰冷的感覺,雖然可用於部分生鮮食品上,但不適合拍攝料理。此外,若為了要讓設計很有個性,選擇偏綠或者去強調無彩色色調都會看起來很不自然,並非美味的呈現方式。建議在不破壞食材色彩的範圍內去完成想營造出的氣氛。

自然光下拍攝未修過的照片。色調乾淨。

偏黃的照片。

偏綠的照片。

偏紅的照片。

請告訴我可讓料理看起來很好吃的
打光方式。

雛 說如果自己搭設場景也可以創造出接近
理想的光源，但還是在窗戶照射進來的
太陽光下看起來最自然漂亮。最理想的狀況是
食材在接受光源照射後顏色、光澤和形狀看起
來都很自然。如果能讓人感受到透明度和纖維
的質地等則更佳。若想要照實傳達食材和料理
的美味，則可用自然光偏逆光，再從側邊稍微
補點光就可以拍出色調乾淨看起來好吃的照片。

自斜上方逆光拍攝的照片。具立體感，最重要的是給
人明亮的印象。

自斜上方逆光拍攝的照片。成功強調份量感以及光澤。

自斜上方側光拍攝的照片。給人自然的印象。

自斜上方順光（光源在自己背後）拍攝的照片。光澤
消失給人扁平的印象。

自斜上方順光拍攝的照片。整體模糊找不到可看之處。

如何決定構圖及拍攝角度？

如何選擇背景及小道具？

決 定構圖及拍攝角度時，要思考如何呈現想強調的地方，包括料理的擺盤、食材顏色與形狀、分切方式等要素。正確答案不僅一個，此外拍好的照片要採用什麼長寬比以及要如何使用也十分重要。器皿的色彩、形狀、材質等亦是影響拍攝角度的因素。如果窗戶和光源都是固定的，可以試著移動料理和桌子去尋找「這裡看起來最美！」或者「這裡看起來最有男人味！」的組合。

第 一要思考哪些要素能烘托出料理以及食材。接著要考慮拍的照片會如何被運用。去設計擺設的目的是要讓觀者在看了食用情境的圖象後，會覺得該料理或食材更加美味，並不是為了讓照片看起來更時尚漂亮。有些時候簡單的背景更符合目的，有時候加入相關的小道具更可增添氣氛。

自斜上方俯角拍攝的照片。　　自正上方俯角拍攝的照片。　　使用單純背景所拍攝的照片。　　加入最低限度的小道具。

裁切去部分料理。　　靠近料理。　　以桌面為背景再添上點綠意。　　再加入茶壺和一杯茶讓畫面更豐富。

有必要趁料理剛做好時拍攝嗎？

要 視拍什麼而定。沙拉、生魚片等生鮮食材擺放一段時間後會塌掉線條變得不銳利，或者變得乾巴巴的，因此拍的時候不要花太多時間。醬汁及奶霜狀的食物的形狀和顏色也會走樣。因此沙拉醬或者其他醬汁必須要等到按下快門前才淋下去。除了趁剛做好拍外，如果要拍蒸氣的話則要加熱，拍冷飲時冰塊要呈現出不規則的隨性感等，必須依照不同情形去做出不同調整。

拍攝菜單照片時，構圖是否該簡潔不要太多造型擺設？

要 視店的種類而定。如果是團體客為主氣氛熱鬧的店，為了讓客人能想像店內的氣氛，有時也會去設計造型擺設。若是供應餐點以個人為單位的店，拍攝時只強調料理本體會比較符合焦點，也比較容易理解。此外，也會根據拍好的照片要用在菜單列表、網站、網站預覽畫面或是設計是否以照片為主體等因素而有所不同。

如果要一次拍攝很多盤時，會去特別注意擺放位置嗎？

會 依照希望強調的料理優先順序、盤子的形狀以及高低差、料理數量及均衡、拍好照片的用途等因素去決定擺放位置。同時，拍攝角度對擺放位置有很大的影響，因此要實際排好後一邊透過鏡頭觀看一邊調整間隔。

全餐或者套餐的介紹等在單張相片裡有很多料理並陳的相片中，經常會出現有著不自然重疊的盤子或者感覺很刻意的葡萄酒酒瓶……。大家可以想一想，這樣的呈現真的能夠烘托出料理的美味嗎？

至於派對等希望觀者去想像情境的照片，很重要的一點則是要能夠讓人感受到實際在場的人的視角和動態。

拍攝時會去特別擺放杯子和餐具等嗎？

如 果要利用小道具去拓展情境的想像，可以將餐具架在料理的器皿上或者在旁邊放上筷架等。空的杯子或者玻璃杯拍起來會很不自然，因此要裝點飲料。如果放入畫面的要素太多整體構圖太散漫導致無法突顯料理或食材，那還不如什麼都不要放。

特別是菜單照片，如果料理以外的要素太多會讓人無法集中在菜色本身的資訊，因此不擺或許會比較好。如果是食譜的成品圖等，希望在觀者腦海中勾勒出「完成！看起來好好吃，那就趕快開動吧！」隨時可以開始大快朵頤，令人迫不及待食指大動的形象的話，那添上餐具應是不錯的選擇。

04 商務旅館早餐的品牌再造

大刀闊斧徹底改造
原本不被期待的餐食機會。

💡 概念

幸福於活力就從早餐開始。「幸福早餐計畫」

📋 要求

重新打造在全國擁有多間分店的飯店集團的早餐場地。希望能針對商務客、觀光客等不同旅客以及各區域、分店的各種需求去提案。

🎯 任務

一面發揮出分散於全國各地的飯店各自的地方色彩，同時重新打造集團整體旗下的早餐。在競爭持續激化的飯店業當中，加強「早餐美味的飯店集團」的形象，力求和其他飯店的差異化。

15 官方無正式中譯，有許多訂房網站譯為船舶酒店。

START & GOAL

出發點

檢討各地區分店的品牌概念

把握一餐的機會，根據每家飯店的情況去供應別具特色的早餐，「堅持早餐品質的旅館」應該可以做為賣點。分析調查各地飯店的地方色彩以及住宿旅客究竟想要什麼樣的早餐後，在遵循集團整體概念的情況下一一設定每家飯店的細部概念。

▼ 商務旅館早餐的現狀

- 價格不低卻不好吃
- 早餐場地的氣氛一看就不令人期待
- 宣傳早餐免費的旅館的餐點並不好吃
- 都市酒店等級的早餐雖然十分豐盛但價格不斐（超出所需的等級）。
- 附近便利商店買的三明治或飯糰就已足夠

目標

獲得「這家旅館的早餐很好吃！」的評價

Check!

跳脫出「隨處可見的早餐場地」的印象。為了呈現各個品牌、各個地區、各家飯店各自的概念，針對菜單、供應方式、視覺外觀（促銷廣宣工具、室內裝潢）實施各式各樣的設計規畫，去提升住房問卷以及及旅遊網站評價等關於早餐場地的評價分數。

▼ 檢查達成項目

- ☑ 是否成功訂立並呈現出集團整體共通的概念？
- ☑ 是否成功訂立並呈現出有各家飯店特色的概念？
- ☑ 是否提升了當地員工的意識，達成了更好的營運效果？
- ☑ 是否獲得客人的評價並為飯店帶來煥然一新的形象？

「Vessel Hotel倉敷」的早餐主視覺。設計出各色各樣繽紛美麗的
日式和西式菜單。

Client：Vessel Hotel開發（股）、Food & Life Director：赤松陽子
（Air.+.）、重名麻子（Air.+.）、Food Coordinator：清廣亞矢
（Air.+.）、Photographer：東本 孝（STUDIO KYLYN）、Designer：
重名麻子（Air.+.）

1

設計專案

若為橫跨複數店家的大型專案,則不要先從細部著手,而是先訂下大範圍的目標。依照整體概念→個別概念的順序去檢討,務必使所有參與專案的人都清楚方向性。越是關連人士多的案件,策畫全體概念就更形重要。

2

共享概念

什麼樣的早餐才能讓人感到幸福?針對個別早餐場地一一去思考究竟目標是讓「誰」吃到「什麼樣」的「幸福早餐」,分別釐清後再企畫個別的概念。菜單、擺盤、室內裝潢、促銷廣宣工具等視覺圖像不僅要讓客人容易理解,也要致力於讓執行的營運方能清楚明白到底要傳達給客人什麼樣的訊息。

3

表現概念

每間店在表現概念時所需要的工夫都不盡相同。首先要配合料理去準備收納、陳列用器具設備以及室內裝潢(照明及裝飾擺設等)。有些時候可以靠著富地方色彩的器皿及具象徵代表性的裝飾去呈現,這是相較之下比較簡單的情形。但也有很多時候必須要透過重新裝潢等工程進行較大程度的轉型及修正。預算會根據早餐場地的規模及營業額而改變,因此事先的溝通討論及調整相當重要。

4

設計動線

為了讓人在一進到早餐場地就能立刻感到活力與期待,首先要檢討料理的擺放位置。設計讓人感動的第一印象是十分關鍵的。除了要讓人感動外,也要考慮到執行上的實際需求。譬如可以將受歡迎的菜色打散排放以避免人多時排隊混亂情形。要視各品牌免費早餐或付費早餐的價格去分別設計動線,看是要安排成小巧精實還是要讓人能悠閒地度過早餐時光的空間。

5

自助式料理的擺盤

要讓大盤料理看起來有趣又吸引人的秘訣就是要表現出華麗感,利用配色和魄力來一決勝負。設計時要考慮所使用的器皿的設計以及搭配,還要確保料理的配色不會看起來太平淡無聊。器皿及收納、陳列用器具設備要做出高低差,才能營造出場地的動感。若現場有主廚負責擺盤,或許可以追求較細膩的設計,但建議要設計出就算只用數量有限的飯店員工去補充料理之類的情況下也可行的配置。

6

設計溝通交流的方式

可以透過網路預約時、抵達飯店辦理住房手續時、數位看板、電梯中的海報、餐廳入口的海報等和客人接觸的機會放上呈現早餐概念的視覺圖象,以增加客人的期待程度。待客人實際來到早餐場地之後,也要利用同一系列針對料理的指示牌或宣傳海報去誘導客人,目標是讓人在吃之前光是透過視覺印象就能讓吃早餐變得更開心有趣。

Before

「Vessel Hotel倉敷」的早餐場地。
重新打造成讓人感受得到手工溫度及
溫暖招待之情的場地。

7

容易陷入的迷思

在進行大型設施的品牌再造專案時，很容易走向由建築主導的改裝計畫，但別忘了早餐的主角再怎麼說還是料理。首先要確認菜單的內容構成是否符合形象概念以及是否充實，其次再考慮視覺以及室內裝潢的呈現。這個順序萬萬不可顛倒，否則會產生很多摩擦及浪費。

8

讓客人期待這一餐

許多人對商務旅館早餐不期不待的理由應該是因為飯店並沒有提供會讓客人期待吃這件事的要素吧。企畫能傳達「季節」、「色彩」、「手工製作」、「在家吃不到的早餐」、「享受當地食物」等概念的宣傳，讓客人認知到這裡的早餐是讓人想去吃的，吃到賺到不吃可惜的一餐。

9

達成的效果

實際上因為執行及其他的理由，無論哪一家店，其菜單及食材和之前比都幾乎沒有變動。憑著設計及策畫的力量，在樂天、Jalan、TripAdvisor等旅客評價皆提昇了100％！其中也有從某個評價網站裡「早餐美味的飯店」類別中，從落在榜外爬升到全國排名第十名的分店。客人的眼睛是雪亮的，同時他們也感受得到你的變化，有時程度甚至超乎你的想像。

專案進行步驟

把握現狀

▼

找出問題點

▼

決定整體方向性

▼

企畫與確立整體概念

▼

找出各分店的課題

▼

設計修正目標

▼

企畫與確立各店概念

▼

檢討及決定詳細企畫內容
（菜單結構內容、器皿、供應方式、室內裝潢等）

※ 首先要按照概念去設計菜單，之後再依序決定器皿及室內裝潢

▼

企畫、製作促銷廣宣工具

▼

執行統合好的設計
（室內裝潢、料理擺設等）

▼

實際執行後的驗證及修正

ので、ままかりと呼ばれるようになったと言われています。岡山の代表的な郷土料理です。

竹久夢二

竹久夢二は岡山出身の詩人であり、画家。美人画が有名ですが、児童雑誌や詩文の挿絵、書籍の装幀なども手がけていた。日常生活に芸術を取り込もうとしたデザイナーの草分けと言っても良い、マルチアーティストです。岡山の名所、後楽園近くに1984年、生誕100年を記念して建てられた夢二郷土美術館もあり、様々な作品と資料が展示されています。
こちらの朝食会場では、雑誌「若草」の表紙に使用された夢二の図案を壁紙の一部に使用しています。

倉敷ガラス

「倉敷ガラス」と称されるのは、小谷眞三氏とその息子、栄次氏が吹くガラスのみ。一つ一つ、全ての工程を一人で行います。
「健康で、無駄がなく、真面目で、威張らない」と言う教訓を大切にして作られた作品は、使いやすくまた、素朴で温かみのある美しさを感じさせます。倉敷を訪れた記念に、美観地区の日本郷土玩具館や民藝館などにございます。

油 y sauce

わらび餅（ぶどう）
Warabi-mochi (Grapevine)

卵 Egg	小麦分 Second	小麦 Wheat	蕎麦 Soba	落花生 Peanut	えび Shrimp	かに Crab

---

ー牛乳 y milk

「美袋乃唄」味噌の
お味噌汁
Minaginouta miso soup

卵 Egg	小麦分 Second	小麦 Wheat	蕎麦 Soba	落花生 Peanut	えび Shrimp	かに Crab

---

ベッセルホテル倉敷から広がる岡山案内

備前焼

備前焼は日本六古窯の一つ。備前焼の魅力は釉薬を施さず、高温で長時間焼くことによって独特の味わいが出ることです。岡山・備前で焼き物が発達したのは、原料となる土が優秀であったことも一因。備前には備前焼ミュージアムや多くの窯があり、毎年10月には備前焼まつりも開催されます。少し足をのばして窯元を訪ねるのもいかがでしょう。

ベッセルホテル倉敷から広がる岡山案内

倉敷ガラス

「倉敷ガラス」と称されるのは、小谷眞三氏とその息子、栄次氏が吹くガラスのみ。一つ一つ、全ての工程を一人で行います。
「健康で、無駄がなく、真面目で、威張らない」と言う教訓を大切にして作られた作品は、使いやすくまた、素朴で温かみのある美しさを感じさせます。倉敷を訪れた記念に、美観地区の日本郷土玩具館や民藝館などにございます。

ベッセルホテル倉敷 のしあわせ朝ごはん

ベッセルホテル倉敷から広がる
岡山・瀬戸内 おいしいもの

倉敷がある岡山は、瀬戸内海が近い温暖な県南地域に、山々に囲まれた自然豊かな県北地域など自然環境にとても恵まれた、おいしい県。そんな岡山で食べられるおいしいものをほんの一部ですが皆様にご紹介。ベッセルホテル倉敷の朝ごはんでお楽しみください。

蒜山ジャージー牛乳 ＆蒜山ジャージーヨーグルト

蒜山（ひるぜん）は希少品種ジャージー牛の飼育頭数が日本一。一頭一頭丁寧に育てられています。蒜山酪農の不動の一番人気、蒜山ジャージー牛乳とジャージーヨーグルトの濃厚なおいしさと深いコクをお楽しみください。

蒜山酪農

美袋乃唄の お味噌汁

昔ながらのまろやかな味わいの生味噌『美袋乃唄』（みなぎのうた）。岡山総社・美袋の地で作られる、まるみ麹本店のお味噌を、お味噌汁でどうぞ。

まるみ麹本店

備前焼の醤油差し

星の里たまごと 倉敷醤油の 卵かけごはん

岡山・美星（びせい）で、育った坂本陽鶏の新鮮卵、旨みとコクのある味が特徴です。そんな卵を卵かけごはんに。合わせるのは、倉敷醤油、丸大豆特有の風味とまろやかな香り、旨みが味わえます。倉敷のお醤油屋さんとら醤油のお醤油です。

SAKAMOTO.GP BISEI ★ 星の里たまご

蒜山
美星
総社
備前
岡山
倉敷
瀬戸内

岡山の郷土料理 ままかりの黒酢漬け

"ままかり"は、隣の家まで「ママ（ご飯）」を「カリ（借り）」に行く程美味しい！ので、ままかりと呼ばれるようになったと言われています。岡山の代表的な郷土料理です。

巨 民
大
言 太
敷 西
応
ご

竹
民
挿
デ
楽
て
な
表

産使用
Ric
卵
Egg

岡山・倉
ままか
Pickl
wi
卵
Egg 乳成分

「Vessel Hotel倉敷」早餐相關的海報、岡山的介紹、自助式料理所附的菜色名牌設計。

051

幸せは、朝ごはんから。

宿の決め手にもなる「朝食」。

ベッセルホテルズでは、ご当地のものを積極的に採用し、

旅行をより一層思い出深いものにします。

目にも舌にもおいしい朝食で、あなたの1日を応援します。

朝食について

VESSEL HOTELS

ベッセルホテルズとは
ホテル一覧
朝食について
会社概要
お問い合わせ

空室検索

予約変更・確認

会員登録 | ログイン

©Vessel Hotel Development Co.,Ltd

VESSEL HOTELS

ベッセルホテルズとは　ホテル一覧　朝食について　お知らせ　お問い合わせ　🔍 空室検索　LANGUAGE ˅

会員登録　ログイン

しあわせ朝ごはんのご提案

ベッセルホテルズは、

みなさまに朝ごはんを通じてしあわせと元気をお届けしたいと思っています。

ビジネスの朝、リゾートの朝、アクティブな朝、ゆったりした朝。

いろいろな朝の時間をしあわせに過ごしてほしい。

しあわせは、朝ごはんから。ベッセルホテルズからの提案です。

各ホテルの自慢の朝食をご紹介します。
朝食を食べに行くだけでも価値ありの、ボリューム・栄養満足の料理の数々です。

PICKUP MENU

ベッセルホテル都城

宮崎・都城の絶品玉子かけごはん

宮崎・都城のおいしい朝ごはんのご紹介。
香川ランチの宮崎産たまご「善太郎」に、吉田醸造の玉子かけごはん専用醤油「玉子ちゃん」をかけて絶品玉子かけごはん召し上がれ。
あわせて地元早川みそその味噌汁や、デーリィ牛乳ヨーグルッベも是非、味わってください。

詳細　　空室検索

New　ベッセルホテル都城
宮崎の都城へようこそ！

ホテル周辺で採れた豊かな自然の恵みの卵や牛乳、地域に愛されるお味噌やお醤油など、「みやこんじょ」の朝ごはんで、ほっこりとぬくもりのあるおもてなしの心を感じてください。

詳細　　空室検索

①　ベッセルイン栄新前
自分スタイルの朝ごはん

自分スタイルのコンパクトな旅の朝ごはん。アグレッシブな1日。ゆったりとした休日、一日のスタートは、自分スタイルではじめる。ビュッフェスタイルで、定番の朝ごはんや一度は食べておきたい名古屋めしも楽しんでいただけます。

2018年11月 グランドオープン

②　ベッセルホテルカンパーナ名古屋
名古屋でごほうび朝ごはん

自分と家族に、ごほうび朝ごはん。あわただしい日常から少し離れた旅の一日の始まりをゆったりとスタートできる朝食を。朝ごはんの定番メニューと一緒に、もちろん名古屋めしも。少しぜいたくでリラックスした旅の朝ごはんをおたのしみいただけます。

2018年10月 グランドオープン

③　ベッセルホテルカンパーナ京都五条
ハイブリットな朝ごはん

和のいいところと洋のいいところ、2つを合わせたハイブリッドな朝ごはん。いいとこどりのおいしい朝ごはんをお召し上がりください。

詳細　　空室検索

④　ベッセルホテル倉敷
岡山・瀬戸内おいしい朝ごはん

瀬戸内の温暖な気候の県南に、山々に囲まれた自然豊かな県北と自然環境に恵まれた食材豊富な岡山県。そんな岡山をベッセルホテル倉敷の朝ごはんでご紹介。

詳細　　空室検索

⑤　ベッセルホテル福岡貝塚
みんな楽しい！朝ごはん

おいしく楽しい朝ごはん！サラダにおばんざい、博多コーナーなどいろんなおいしい朝ごはんをお楽しみいただけます。楽しく食べて、元気にお出かけ！

詳細　　空室検索

⑥　ベッセルイン博多中洲
ほっこり ゆったり朝ごはん

ベッセルイン博多中洲のしあわせ朝ごはんは、ほっこりゆったり。ごはんに博多明太子、お腹に優しいおかゆにも。オーブンで焼き上げる焼きたてパンも。ゆったりとした気分で、しっかり食べて、元気に一日お過ごしください。

詳細　　空室検索

⑦　ベッセルホテルカンパーナ沖縄
わくわくリゾート朝ごはん

海の見える朝食会場で、特別な時間の始まりを感じさせるわくわくリゾート朝ごはん。種類豊富な沖縄メニューをやちむん（沖縄の焼き物）でお届けします。

詳細　　空室検索

⑧　ベッセルホテル石垣島
島朝ごはん

沖縄や石垣の郷土料理がたくさん！お好きなメニューを選んで、自分だけの"島朝ごはん"をお楽しみください。

詳細　　空室検索

「Vessel Hotel」官網的「早餐」頁面。清楚列出各地區各飯店的招牌早餐，亦可以早餐為起點跳至搜尋預約的頁面。

タコライス用 トッピング

子きな具をトッピングして
召し上がりください。

oose ingredients and
 your original "Taco rice".

ベッセルホテルカンパーナ沖縄の
しあわせ朝ごはん
Happy Breakfast

沖縄メニュー Okinawan Menu

ベッセルホテルカンパーナ沖縄の朝ごはんでは
いろんな沖縄メニューをお楽しみいただけます。
Enjoy a variety of Okinawan menu at our buffet.

やちむん Yachimun

ベッセルホテルカンパーナ沖縄の朝ごはんでは
沖縄のやちむん（焼き物）の器を使用
しています。琉球王朝時代まで遡る、
歴史のあるやちむんは
自然のものを描いた模様や
色使いが特徴的。
ここから北へ車で30分少し
行くと「やちむんの里」があり
そこでは色んなやちむんに出会えます。

"Yachimun" (Okinawan ceramic) is used at
the breakfast of Vessel Hotel Campana Okinawa.
Its history dates back to Ryukyu Kingdom, and its features
are design and colors drawing the natural things.
You will find a variety of Yachimun at the Yachimun's
village where it is about 30-minute-drive from here.

ベッセルホテルカンパーナ沖縄の
沖縄メニュー
いなむどうち
Pork and vegetables miso soup

沖縄のお祝いの席にかかせない、いな
むどうち。豚肉が入った
白味噌仕立ての
お味噌汁です。

卵 Egg	乳成分 Dietproducts	小麦 Wheat	そば Soba	落花生 Peanut	えび Shrimp	かに Crab

京都産
昔づくりの京醤油処

松野醤油

のお醤油は昔ながらの
。天然の香りと風味を
ください。

西田養鶏場の

京地玉 桜

新鮮
生卵

西田養鶏場の京地玉。
厳選飼料で育てた国産鶏から
安心・安全な美味しい卵です。

ベッセルホテルカンパーナ京都五条 の しあわせ朝ごはん

和のいいところ 洋のいいところ
いいとこどりの朝ごはん

ベッセルホテルカンパーナ京都五条の朝ごはんは、和のいいところと洋のいいところ
2つを合わせたハイブリッドな朝ごはん！ぜひお召し上がりください。

ハイブリッド
な 朝ごはん

和のおかずも洋のおかずも
種類豊富にご用意しております。
お好きな組み合わせで
お好きなだけ。
ベッセルホテルカンパーナ
京都五条の朝ごはんを
お楽しみください。

京都 老舗パン屋さん

進々堂

大正2年創業の
パン屋さん進々堂。
口の中に広がる素材の
美味しさをお楽しみください。

「Vessel Hotel Campana沖縄[16]」（左）及「Vessel Hotel
Campana京都五條」（右）改裝後的早餐菜單、場地以及促銷廣宣工
具的設計。分別活用了各地區的特色去供應開心有趣的一餐。

16 其他常見非正式中譯：沖繩坎納船舶酒店。京都五條坎納船舶酒
店。

企畫書的寫法

企畫書肩負著指示整個專案的方向性以及專案相關人士該留心之處的功能，是十分重要的工具。其目的並不只是要讓企畫案能夠通過，而必須要利用這份企畫書去統籌整個專案小組。一個專案能否成功，全繫於專案小組的成員對企畫書理解的程度。

QUESTION
01

請告訴我進行整體策畫提案的企畫書要點。

一言以蔽之，就是不要使用隨處可見的行銷手法解決方案。不要只是複製貼上從某處找到的資訊和數字，在進行食物相關的整體策畫提案時，不僅只有菜單，必須去量身打造包括在空間、服務、執行面皆能找到平衡的方案。

在規畫時，不僅僅只是將客戶的公司特色乃至提供服務的工作人員的個性變得時尚，也可以保留一部分較懷舊且有人味的地方。目標是策畫出讓從業人員對自己的工作場所都能感到驕傲，並擁有提供一流服務的自信的設計。特別是包括像這次飯店的案子以及餐飲店等「店面」的整體策畫設計案，如何在每日營運中繼續維持一開始的品質及想法正是關鍵所在。而這一切都必須透過現場第一線人員來實現。因此企畫方必須讓第一線人員理解設計的優點，不能只停留在自我滿足的階段。

QUESTION
02

請教我製作企畫書的架構。

負責的內容不同，所需的企畫書份量以及提案範圍也會有所差異。下一頁起我以飯店的餐食策畫及改裝計畫的企畫書格式為例來介紹，希望能提供給各位一個參考。

企畫書架構舉例

提出概念
↓
菜單整體的搭配策畫案
↓
提出食物與內裝的概念
↓
食物的搭配策畫案
↓
內裝搭配策畫案
↓
若需要收納、陳列用器具設備及內裝的工程
則列出估價等

專案名

核心概念

concept

核心概念要用簡潔易懂的語言表示

▶▶ <u>設計琅琅上口又容易理解的核心概念。</u>
如果可提出核心概念的補充說明、發展出該概念的背景故事、
標語及關鍵字,那麼整體的形象會更加清晰有力。

no.1

❶ 提出概念。賦予專案改裝的故事以及指示方向性的關鍵字。

專案名

菜單

・調整菜單名稱及呈現方法

・菜單搭配提案

□ 現在的擺盤

放上照片讓改變前後的
效果更容易比較。

□ 搭配案

no.2

❷ 明確表示出菜單整體文字呈現的調整以及擺盤呈現的變更。

年/月/日

餐食及內裝概念

visual

參考整體的概念去提案要用何種氣氛的設計及搭配，使團隊能共享更具體的視覺印象。

▶▶ 提出究竟要打造怎麼樣的場地及視覺概念

visual keyword

- 利用和紙來呈現日本特有的柔軟特色
- 此處也可加入可能成為關鍵字的語詞、長度稍長像標語的文字、素材及材質的圖像等。
-
-

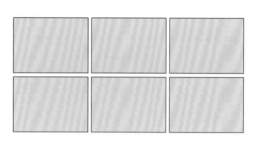

no.3

❸ 在進入具體提案內容之前，先提出餐食及內裝的概念。

年/月/日

餐食及內裝概念

food 舉出用來統一整體感的關鍵字可幫助導入概念。
要確實寫出為何要選用該器皿的理由。

□供應料理的器皿

放上看得出改善點的照片，說明改變前後的效果。

- 提出器皿的使用圖例，說明特徵及
- 效果。呈現出大盤、小盤及其他各
- 色各樣不同種類適合此專案的器具。

- 若有只用在特定料
- 理的器皿，也可採
- 用列出料理名稱的
- 方法。

若有用到當地特有的器皿則要確實說明其特色。

no.4

❹ 器皿的搭配策畫案。提案內容要符合現實、具體並有充分的理由。

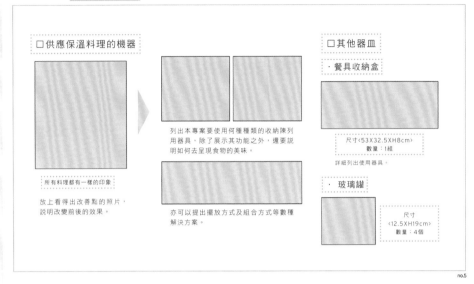

餐食及內裝概念

□供應保溫料理的機器

所有料理都有一樣的印象

放上看得出改善點的照片，
說明改變前後的效果。

列出本專案要使用何種種類的收納陳列
用器具，除了展示其功能之外，還要說
明如何去呈現食物的美味。

亦可以提出擺放方式及組合方式等數種
解決方案。

□其他器皿

・餐具收納盒

尺寸<53X32.5XH8cm>
數量：1組

詳細列出使用器具。

・玻璃罐

尺寸
<12.5XH19cm>
數量：4個

no.5

⑤ 收納、陳列用器具設備的搭配策畫案。在呈現概念的同時也要注重功能性。

餐食及內裝概念

□食物陳列檯的呈現

提出陳列台上所使用的資材（形狀以及素材）及效果、希望呈現的顏色及節奏。

看得出改善點的照片

建議清楚舉出刪去了哪些要素及導入了哪些要素。

若已經確定了要使用的資
材，便可明記尺寸及數量。

尺寸<30X20XH20cm>
數量：7個

看得出改善點的照片

no.6

⑥ 擺放陳列的搭配策畫案。在不妨礙到料理的前提下營造出看起來更美味的開心氣氛。

餐食及內裝概念

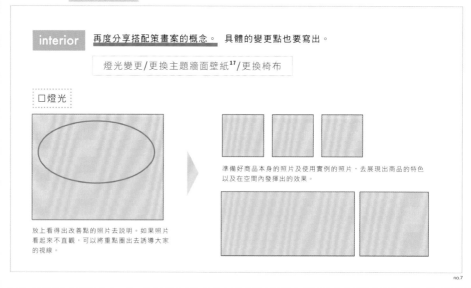

interior 再度分享搭配策畫案的概念。 具體的變更點也要寫出。

燈光變更/更換主題牆面壁紙[17]/更換椅布

□ 燈光

準備好商品本身的照片及使用實例的照片，去展現出商品的特色以及在空間內發揮出的效果。

放上看得出改善點的照片去說明。如果照片看起來不直觀，可以將重點圈出去誘導大家的視線。

no.7

❼ 燈光的搭配策畫案。一旦改變了打上料理的燈光以及燈光所在天花板的裝飾，場地的氣氛就會變得截然不同。

17 日文原文為アクセントクロス，將房間裡的其中一面牆利用不同顏色或花樣的壁紙去裝飾（即Accent wall主題牆、重點牆的概念）時所使用的壁紙。

餐食及內裝概念

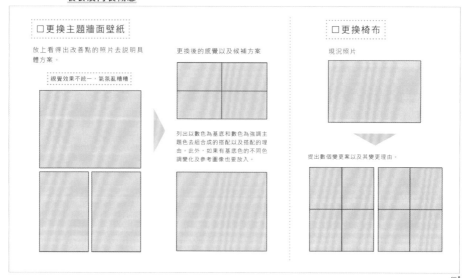

□ 更換主題牆面壁紙

放上看得出改善點的照片去說明具體方案。

視覺效果不統一，氣氛亂糟糟

更換後的感覺以及候補方案

列出以數色為基底和數色為強調主題色去組合成的搭配以及搭配的理由。此外，如果有基底色的不同色調變化及參考圖像也要放入。

□ 更換椅布

現況照片

提出數個變更案以及其變更理由。

no.8

❽ 壁紙及椅子的搭配策畫案。強調色（花樣）的壁紙、檯面以及立起的隔板等也要配合整體形象。

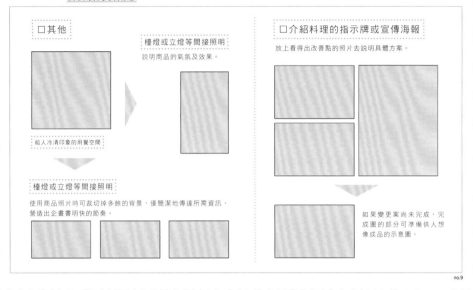

株式会社クライアント名様

專案名

年/月/日

餐食及內裝概念

口 其他

檯燈或立燈等間接照明
說明商品的氣氛及效果。

給人冷清印象的用餐空間

檯燈或立燈等間接照明

使用商品照片時可裁切掉多餘的背景，僅簡潔地傳達所需資訊，
營造出企畫書明快的節奏。

口 介紹料理的指示牌或宣傳海報

放上看得出改善點的照片去說明具體方案。

如果變更案尚未完成，完
成圖的部分可準備供人想
像成品的示意圖。

no.9

❾ 列出其他內裝、指示牌或宣傳海報的變更。如有必要，最後可附上設計圖或估價。

QUESTION
03

請告訴我設計企畫書的要點。

最 重要的就是無論誰都能一看就懂，好讀
好看的設計。絕對不能犯字體過小或字
型難以閱讀這種初級錯誤。雖然要盡可能地提
供視覺圖像讓大家可以想像企畫內容是針對什
麼地方，要花多少時間和精力去執行，最終得
到什麼樣的成果，但只重視視覺圖像是不夠的。
在製作企畫書時，除了先用視覺圖像吸引目光
之外，爾後還是得要運用文字去增進理解及補
足資訊，大家必須去仔細思考這兩者所占的比
重。

QUESTION
04

請告訴我企畫簡報的要點。

讓 有著無論誰都能一看就懂的設計的企畫
書變得更加容易理解的手段就是企畫簡
報──用口語來補足視覺圖像及文章無法完全
表達的部分。必須讓專案成員去理解該企畫內
容後放心去執行內容。此外，聽了簡報的成員
也必須要能將同樣的內容傳達給其他的成員。
因此應當避免曖昧的用詞。

05 小規模生產者的 商品開發 之一

\ SAMPLE /

Enable

非機能性食品! 發掘食材的全新面貌。

CONCEPT 概念

想隨時都保持美麗地去生活,注重全方位需求的女性會選擇的商品

ORDER 要求

運用因保健功能而受到矚目的「菊芋[18]」進行六級產業化[※],希望設計及策畫出和既有商品不同的新品牌以及開發新商品。

MISSION 任務

一般菊芋多製作成針對中高年齡層的機能性食品的類似商品,這次在銷出做為食材知名度尚低的菊芋的同時,也要進行能囊括不同目標客群的商品開發。

※六級產業化…由生產者自己來負責加工、流通以及販賣,以圖多角化經營。

18 又稱洋薑或鬼子薑。

START & GOAL

出發點

定義非機能性食品

要決定如何去處理及食用對身體好的食材及知名度低的食材,同時要讓人覺得好吃。而且要找到能打動希望將美味、時尚以及保健功能全部條件一次滿足的女性客戶的方法。不僅只一味地推崇食品的功能,還必須從口味、美容、時尚的觀點去發掘出食物的優勢。

▼ 既有商品的問題

- 菊芋的知名度低
- 大家不知道菊芋的吃法
- 沒有泡茶(既有商品)喝的習慣
- 希望能不只脆片(既有商品),還有其他吃法
- 脆片雖然吃起來方便,卻容易易膩

目標

用全新概念去推出針對全新目標客群的商品

一旦搞清楚如何打動和過去不同目標客層的方法和具體的銷售藍圖,就可以著手去打造以「美味好吃、養顏美容、流行時尚」為訴求的品牌及商品開發,並備齊各種設計及促銷廣宣工具。目標為完成有明確訴求且能刺激購買慾的商品。

▼ 檢查達成項目

Check!

- ☑ 是否好吃?
- ☑ 商品是否具備多個客人所期望的要素?
- ☑ 設計及工具是否成功傳達商品的美味?
- ☑ 包裝設計是否成功傳達商品的優點及便利性?
- ☑ 是否設計了從吸引客戶到讓商品融入生活為止的每個環節?

「Enable」的包裝。菊芋湯組合、菊芋印度香料茶組合、菊芋海鮮燉飯組合、菊芋漬物組合。

Client：Tagayasefarm、Food & Life Director：赤松陽子（Air.+）、Photographer：池田理（D-76）、Designer：QULNE、重名麻子（Air.+）

1

面對商品開發的思維與態度

要做出好吃的東西。雖然大家都知道這是理所當然的事，但卻經常有人在開發過程中忘記這個重要的原則。有人會提出要將農產以及漁產、畜產等一級產業產品做成商品的理由是「因為有剩的」、「丟了可惜」，但這些真的是最重要的嗎。當然它們都說明了開發商品的必要性，不過重點應當還是要放在最單純的味道好壞。讓顧客吃了覺得好吃感到開心才是最關鍵的。

2

思考必要的要素

為了要觸及和既有產品不同的目標，首先要先把握哪些才是必要的因素。這次的概念關鍵字設定為「Natural Beauty Life Style」。若做出既好吃又方便，容易融入生活型態中，而且還很時尚，可幫助養顏美容及塑身的商品那就堪稱完美了。如果目標客群是女性，必須要貪心一點，想盡辦法納入很多吸引人的要素才行。

3

做出商品

思考出能滿足諸多要求的商品方向性後，首先要去試作。也要徹底去調查是否有類似的商品，如果有的話就要買來吃吃看。目標是要做出尚不存在於世、方便而且好吃的商品。此外一定要注意不要去模仿大廠等知名品牌等已經問市販售的商品。若同樣方向性的商品大廠已經出了（量產），那幾乎沒有贏面。

4

能代表商品的包裝設計

基本中的基本，要設計出能傳達商品概念及美味的包裝。若不活用小規模生產者商品的特色而去追求和大品牌一樣的包裝是無法傳達出商品的優點的。此外考慮包裝和商品的均衡也相當重要。太誇張的過度包裝不會幫助商品流行。包裝絕不可以去扯商品的後腿。

5

從吸引客戶到融入生活的每個環節

首先要讓人對商品產生興趣、去理解商品的特點、進一步拿起商品買回家，然後是帶回家後會怎麼使用這項商品或如何保存商品等直到讓商品融入生活為止……要一邊想像這一連串的流程，一邊檢討有哪些必要的原則，最終設計出能具體傳達商品優點、令顧客對商品有更深入理解的機制。

6

設計溝通交流的方式

進行小規模生產者的商品開發時，必須要有將商品視為一級產業產品宣傳的一環的思維。由於開發時定位成能傳達物產本身美味的輔助性商品，才能做出讓消費者所看見背後生產者（原材料）的商品。如果做出的是消費者看不到生產者和原料的商品——亦即是無法和消費者溝通的商品，那就會變成要和大廠的商品在同一個戰場競爭，如此是一點勝算也沒有的。

介紹商品系列以及食譜的摺頁。Logo的圖像使用了裝著菊芋花的花
籃的插畫營造自然及女性化的風格,並運用直線的文字和圖形呈現出
類似醫療相關產業的高級專業感。

7

容易陷入的迷思

去模仿大廠的熱賣商品是自尋死路的行為。我必須要再三強調，絕對不可以和大廠在同一個戰場上對決。大廠不僅在開發商品時投注了龐大的資金、時間以及人力，而且還擁有豐富的商品販賣門道、往來夥伴、市場、行銷手段及預算。和大廠拼是毫無勝算的，因此要去尋找還沒有人涉足的藍海。

8

連繫起生產者及目標客群的是「價值」

會對小規模生產者的商品有興趣的顧客大多對美味度及食安非常關心，並不是那種只求飽足的客人。對這些顧客來說，就算價格貴一點，只要有理由或者夠方便，就很有可能中意該商品並下手購買。反過來可以說這些顧客的要求水準相當高。如果不能發揮出物產百分之兩百的優點，說服他們這些是有價值的商品的話，他們是不會買單的。

9

達成的效果

這次開發的「Enable」獲得了六級產業化的認證。在這之前的商品系列主要是以休息站或者產地直銷為主要的通路，除了這些通路外，現在也開始接到許多主打健康美概念的咖啡廳及餐飲店等的詢問，成功地邁出了通往新概念下所設定的目標客戶的第一步。

專案進行步驟

掌握既有商品的現況

掌握既有商品的詳細狀況
（通路、購買客群等）

掌握類似（競爭）商品的狀況

探討新商品開發的整體方向性

確立新商品的概念及目標

開始進行商品開發（試作）

比較類似商品

試吃、改良、修改新商品

檢討份量與售價

檢討包裝設計

試作及修正包裝設計

檢討促銷廣宣工具

製作促銷用食譜

設計及製作促銷廣宣工具

商品完成

試銷

開始販售

主視覺、商品本身（菊芋粉與脆片）的造型照片、
活用商品食譜的完成品照。

開發具原創性的商品

在全國各地精心開發出各種特色商品的風潮下，獨具巧思的創意之重要性與日俱增。而和以往相較之下，針對以生產者為主體的小規模開發商品，消費者又更傾向從中尋求本質上具有能提升生活型態的要素，故和生產相關的各種資訊都成了商品的附加價值。不在設計上追求標新立異的差別化，如何將特殊的背景、故事傳達出去，讓消費者感受到品牌個性益發顯得重要。

QUESTION

01

開發原創商品時可用什麼方法來傳達食材的魅力？

美 味是由各式各樣的要素所組成，因此從不同的角度切入，傳達吃該食材的樂趣是非常重要的。

例如：

- 在核心概念裡融入食材的優點，並置入商品名稱及標語裡
- 充滿自信地去昭示食材的價值及安全性
- 撰寫能使人聯想到孕育出該食材的土地與背景的文案
- 做出使人聯想到孕育出該食材的土地與背景的設計
- 創作能輕易傳達商品優點的食譜（吃法）
- 提供數種吃法以及搭配組合
- 精心設計讓人感到美味與便利兼具

QUESTION

02

什麼樣的商品概念與企畫富有原創性？

提 出新的價值，加入了能讓接觸到的人透過商品發掘食物新的面貌的要素的企畫。

例如：

- 其他地方找不到的（無類似的）商品
- 之前沒人想到的創意商品
- 如果有了會很方便的商品
- 將不容易吃的食材變得方便食用的商品
- 提出新吃法的商品
- 將熟悉的吃法應用在稀有食材的商品
- 自稀有的環境中產出的商品

請告訴我為運用地方物產做出的新商品及新品牌命名時的訣竅。

到底要直截了當地向目標客群傳達商品的優點,或者反向操作刺激好奇心讓人覺得「這到底是什麼」?由於一旦命名後就很難再去反覆更動名稱,在構思階段,必須要實際唸出來並仔細檢查文字、反覆咀嚼,去思考這個命名或標語是否能提升物產的形象?在賣場及展場是否能夠發揮效果?名稱的由來可以當作開啟話題的契機嗎?顧客會用什麼樣的暱稱來稱呼?……等,務必要納入具體細節去想像各種發展情況。命名本身亦包含了許多設計的要素。

在開發地方特產時,應該在哪個階段開始構思logo及包裝等設計呢?

過去也有以商品完成的外觀及包裝的效果為優先去開發商品的做法。特別是地方特產,經常會看到設計不同但商品內容和味道根本不知道差別在哪的類似商品在市面上流通。雖說還是要視商品的種類而定,但現在的主流基本上是以做出美味好吃的商品為先決條件。應該要等到已經確定可開發出好吃的商品,整個商品的方向性已經大致底定,很容易去勾勒出商品的美味以及原創性的形象時,再著手設計會促使人將商品帶入自己生活中的logo以及包裝。

請告訴我發掘及傳達各類農產、漁產、畜產品尚不為人知的優點的訣竅。

首先要捨棄對吃法的刻板印象。平常就要保持對範圍廣泛的各種調理手法以及不同類型料理的興趣並去進一步學習。如果欠缺系統性的觀點以及知識庫便無法發掘出物產新的一面,也無法產生革新的創意。

光在日本國內就有著各地種類眾多的料理,如果放眼世界,那種類更多如天上繁星。雖然感覺好像沒有盡頭,其實追溯各地風土料理及可長期儲藏的食品等環境及飲食文化,意外地可找到許多共通點。不要只是為了工作而去調查,而要從在每天的日常生活中享受學習樂趣開始做起。料理的新發現是無窮的。

如果想要主打生產者本身受歡迎的特質或者獨樹一幟的職人性格,該怎麼去進行品牌設計呢?

如果擁有媒體會不斷去報導的人格個性或者是對專門知識十分精通的狂熱人士,以個人為主軸去品牌化也可能成功。不過大多數的情況下,如果不具備有包括生活型態等整體的個性,是很難輕易去包裝成一個品牌的。

雖然也有目標是在傳達孕育物產的背景同時向消費者呈現生產者樣貌的商品案例,但現在已經不是靠著一點點受歡迎的特質或者獨特性就能夠打動人的時代了。與其將生產者偶像化,不如竭盡全力去傳達生產者的想法及聲音,這種做法不僅誠實,也是較好的策略。

如果想要從和鄰近產地類似物產的比較中脫穎而出，需要做出什麼樣的差別化？

首先要跳脫出「就該這樣調理／吃」的思維，為自己的商品添加周遭沒有人嘗試過的講究細節。非常深入利基市場的小眾商品也可以。不過切記不可太旁門左道。將物產本身的美味毫無保留地傳達出去，提案內容包括徹底分析過的詳細「優點」，再搭配上仔細的資訊，如此便可提升商品價值與原創性。

除了商品外還要連同農家、農園、農場等一併整體品牌化時，應該要考量哪些因素？

重點是要將和自然對峙生產出原料的人性之強韌、奮鬥不懈的努力與執著、斯土斯民的智慧傳達出去。另外，藉由讓人類的作為和自然的關聯性浮上檯面，去傳達用機器製造的產品或者大量生產的產品所沒有的魅力與珍貴。不要採用華麗、冷硬或太過孩子氣的設計，而要注意設計能不能讓人感受到整個情境。

由生產者來挑戰新商品開發的案例，會具備哪些背景及優勢？

可以舉出的優勢包括食材（原料）是由自己製作因此不用向外採購、對食材（原料）的生產過程十分有研究、每天都在近距離看著成長的樣子、以及熟知其美味和保存方法等知識等等。由於並非採購原料後短期間去開發商品，因此壓倒性的資訊量成了很大的優勢。

而通常開發的背景都是想要將上市期間短暫的生鮮物產開發成一年四季都能食用的加工食品，此外，透過販賣加工食品，也可藉機宣傳生鮮物產。

由加工業者來挑戰新商品開發的案例，會具備哪些背景及優勢？

生產者在開發加工商品時失敗的理由當中包括加工設備的問題。實際上，有很多案例在考慮到過高的設備投資以及取得食品製造加工許可等成本效益後常會停滯不前。在這點上，一開始就擁有設備和各種生產許可的加工業者是非常有利的。

不過，縱使擁有了最新的加工設備，既有的商品不見得和能將其功能發揮到最大限度的食品加工是一致的，因此會接到希望能更進一步深入現場去指導商品開發的需求。

如果規模小預算不多時，應該以哪裡（什麼）的設計為優先呢？

應 該就是能讓人能一眼辨識出商品或物產是由誰製作的，是什麼品牌的logo了吧。首先必須讓人知道你是誰叫什麼名字，而且一定要確保和其他人看起來不一樣。Logo就是讓人在眾多商品中找到「你」的名牌。就算沒有十分精巧的圖像設計也無所謂，只要能夠傳達人物或企業特色、目標理念，就算只有文字也可以。

有哪些促銷廣宣工具是必要的呢？

雖 說會依販售點而有所不同，但基本上最好要準備販售時商品的包裝及購物袋、客人買回去後要使用或介紹商品時可以回頭去看的商品說明卡以及摺頁。如果有logo貼紙或者橡膠圖章，有些東西也可以用市售的包材再去手工加工。可以根據販售點及使用的數量去決定到底哪些部分要製作自有品牌的原創品。詳細請參考「商店廣宣品的種類（p32）」的內容。

請告訴我要為新商品增加新系列或者擴增系列商品時的思考模式及以此為前提去設計時的要點。

物 產或食材運用不同的調理及加工做法可變化出無限的可能性。直到不久之前，大多數的做法還是鎖定目標客群去製作限定的商品和味道，但其實其中一個唯有機動性較高的小規模企業才辦得到的商品開發魅力，就是可和買家一起享受時局推移（機會）及發展性的樂趣。因此在設計包裝等時要預留發展的空間，要注意一開始完成度不要太高太過精細。

等到知名度開始提升，就可以開始發揮真本事。必須要一面吸取新的情況，一邊持續開發出令忠實粉絲期待的商品。成果不會立刻顯現，最重要的就是要堅持持續下去。

請告訴我針對小規模生產者能讓好的品牌化持續下去的訣竅。

說 老實話，想要在短期間增長營業額是不可能的。如果不去舉辦促銷活動、紮實地一步一步累積信賴關係、同時提升自己的知識和技術實力去經營事業的話就無法建立品牌。只是埋首製作商品期望消費者來發現自己也是行不通的。在一開始的階段就要有規畫好促銷費用以及宣傳廣告費去執行的心態。

在之前的段落中也曾提到，同時進行提升加工食品及生鮮產品知名度的宣傳結果上會比開發單項的商品更能幫助建立起品牌。在打造品牌時設計的重大任務正是呈現出物產相關附加價值的故事性。

小規模生產者的商品開發 之二

\ SAMPLE /

瀨戶內
古都之丘
Herb

運用有發展性的視覺設計及廣告文案的力量翻轉形象。

CONCEPT 概念

運用香草創造美味,與生活更加貼近。提供香草融入生活型態的品牌

MISSION 任務

自各種角度檢討花草茶的銷售法及推廣方法以掌握客戶的需求。目標為打造可提升香草本身知名度的商品(品牌)。

ORDER 要求

目前六級產業化的內容是生產販賣用來泡茶的香草,但販售點僅侷限於休息站無法拓展市場,因此希望能提出可拓寬通路的商品開發(品牌設計)案。

START & GOAL

出發點

掌握香草運用的現況以及預見今後的香草潮流

歐洲、泰國及印度自古便有使用香草的風俗,香草已然紮根於當地飲食文化與生活中,反觀日本,香草本身還尚未滲透到文化當中。因此不是要提供商品,而是提供「融入香草的生活」,預測若概念能成功傳遞出去,香草就會更為人廣泛接受。

▼ 該納入考慮的現狀

- 有多少人會飲用既有商品的花草茶?
- 說到底香草本身的知名度有多少?
- 調查自古運用香草國家的利用方式
- 調查除了花草茶以外的香草使用方式

目標

開發能讓人想像香草融入生活之中的商品

原本在販賣的既有商品只有花草茶,因此需求的市場十分狹隘。以能推廣香草美味的品牌為目標進行商品開發,期許香草能夠廣泛地運用在日常生活中,並讓品牌具備傳達「融入香草的生活」的具體形象的能力。

▼ 檢查達成項目　　Check!

- ☑ 商品是否在日常生活中容易利用而且美味?
- ☑ 商品開發(品牌設計)的內容是否基於對物產本身深刻的理解?
- ☑ 商品名稱是否能形象清晰能幫物產或產地加分?
- ☑ 做為一個品牌是否具備發展擴張的能力?

「瀬戶內古都之丘Herb」的包裝。用來入菜的香辛料及花草茶。

Client：夢百姓（股）、Food & Life Director： 赤松陽子（Air.＋）、
Photographer：內田伸一郎（內田伸一郎攝影事務所）、Designer：
QULNE

1

和生產者間的信賴關係是關鍵

食品製造商和每天面對自然的生產者們不同。為了開發商品,首先必須要熟悉物產本身。必須親自造訪田、農地或者漁場等產地,去了解物產是在什麼樣的場所如何被培育出來的,有不懂的地方要積極提問,縮短雙方的距離。有些點可能只有身處不同立場的人才察覺得到,但如果不建立起對彼此的信賴,計畫便不會成功。

2

決定推廣的方向性

想像香草融入生活的形象,再去進行讓香草貼近日常飲食場合的品牌設計。仔細地去檢討所栽培香草的種類、特色、入菜活用的方法,目標是跳脫出至今僅以花草茶單項產品的商品組成。透過具體地整理出各種香草的特色、適合的料理、利用方法,去描繪品牌的整體形象。

3

思考商品結構

為了讓香草融入生活,必須要思考幫助消費者去理解香草的商品結構。首先將香草分成花草茶(茶)以及香辛料(料理)兩種不同的種類,再去思考商品結構及系列商品組成,並進一步去分析各商品的詳細內容,力求讓顧客能感受到香草的廣泛運用方式及潛力。此外,還要考慮到購買後的便利性,包括各項產品在廚房裡所扮演的角色及保存方法等。

4

開啟想像空間的命名

雖然銷售商名稱直接用生產者的公司名也是可以,但也有生產者的名字或公司不適合用於品牌名和商品名的案例。本次案例中,我們判斷為了讓人更容易描繪「融入香草的生活」的核心概念,需要一個更有魅力的品牌名(商品名),因此利用地名和地點環境組合出了能讓人輕易勾勒出產地(香草田)的形象並容易推展到全國的命名。

5

製作方便發展擴張的視覺設計

設計包括呈現品牌名的logo和讓系列商品一目了然的標誌時,皆以之後就算增加香草種類亦能套用為前提。包裝的設計也力求簡潔易懂,以避免今後要快速擴張時處處掣肘。促銷廣宣工具從品牌概念到使用香草的食譜,目標都是做出能將資訊確實地傳達給消費者,並含有複數吸引消費者興趣的因素,以期將來有機會商品化,利於發展擴張的設計。

6

設計溝通交流的方式

伴隨著小規模生 者品牌化一起進行的商品開發,常會呈現象徵生產者的認同。象徵品牌的logo、包裝、摺頁等各種工具和做為骨幹的文案架起了連繫生產製造者和消費者的重要溝通橋樑,是傳達生產者是如何去培育產品的,要怎麼吃才好吃……等資訊的設計,責任相當重大。

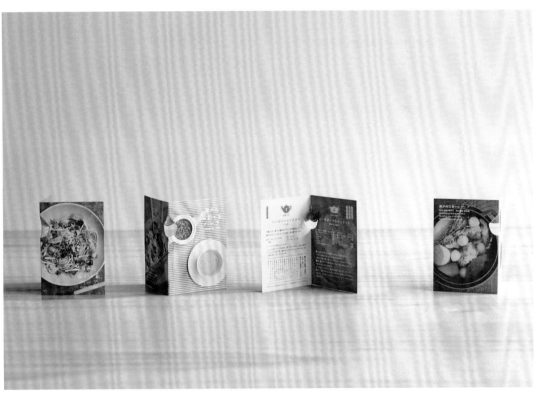

接著加入系列商品的香草鹽包裝（上）、活用香草的食譜小卡（下）。

7

容易陷入的迷思

在之前的案例我也曾提及，如果抱著為了自己的方便想要利用剩下來或者不要的東西去開發商品賺錢的天真想法，幾乎都不可能成功。在各式各樣的商品已多到泛濫的時代，消費者是很實際的。如果不認真地深思熟慮如何創造出好吃、便利又有趣的商品，就無法做出會大賣的商品，也建立不了品牌。因此要去仔細思考什麼樣的商品才能活用物產的特色創造魅力。

8

新品牌的銷售計畫

如果要去訂立推銷新品牌的戰略，一開始最少要有三項商品。如果新品牌只有一項商品，那不能稱之為品牌。所販售的商品必須要有統一性，才能確立品牌形象。此外非常重要的是，推出最初的商品系列後，接下來就要有增加系列商品的心理準備，去制定中長期的銷售計畫並付諸實行。

9

達成的效果

成功傳達以提供融入香草的生活為主題的「瀨戶內古都之丘Herb」。現在在百貨公司、大型雜貨店、地方機場的商店等皆有販售點。從只有作菜用、泡茶用的單純香草的商品結構，擴展到發展調出的香草鹽。而藉由讓顧客接觸這些開發出的商品，也讓物產（新鮮及乾燥的香草）的需求大幅增長。

專案進行步驟

掌握既有商品的現況

▼

掌握既有商品的詳細狀況
（通路、購買客群等）

▼

掌握類似（競爭）商品的狀況

▼

探討新商品開發的整體方向性

▼

確立新商品的概念及目標

▼

開始進行商品開發（試作）

▼

比較類似商品

▼

試吃、改良、修改新商品

▼

檢討份量與售價

▼

檢討包裝設計

▼

試作及修正包裝設計

▼

檢討促銷廣宣工具

▼

製作促銷用食譜

▼

設計及製作促銷廣宣工具

▼

商品完成

▼

試銷

▼

開始販售

摺頁。傳達讓香草自然生長的環境與特性，提供大量有助消
費者徹底享受味道和香氣的資訊。

由地方推廣至全國的要點

既然都特地做出了原創商品，自然就會想要拓展到全國。如果只在當地販售規模不大，但超出一定量之後便很難推廣。雖說如此，拓展通路並非朝夕之間就可完成。收穫量和製造量也有其限制，因此切記不可躁進。一開始要從當地開始販賣，幾年後再慢慢拓展到全國，要好好規畫推出商品的範圍、宣傳的展示會等要素，以求計畫性的成長。

QUESTION 01

請告訴我地方商品等可以透過什麼樣的通路和機會去拓展到全國。

 地方一點一滴朝外縣市去擴散的感覺。

地方
↓
同縣市內
↓
鄰近縣市
↓
全國宣傳
（物產館等行政機關能力所及之處）
↓
外縣市小規模
↓
外縣市大規模
↓
全國上市（和企業合作交易）
↓
地方 重複
↓
同縣市內
↓
鄰近縣市

QUESTION 02

請告訴我可幫助拓展通路的策略和做法。

 時我們也會看到突然因全國性媒體的報導等而爆紅，一時之間商品供不應求的案例。但還是建議不要追求炒短線曇花一現的商品，一步一腳印累積實績比較踏實。

例如：

- 參加食品相關的展覽
- 參加飲食相關活動
- 利用社群媒體等宣傳
- 利用付費廣告等刊登媒體宣傳
- 利用行政機關等的資源 等

其他如透過企畫或設計獲獎，此時報章雜誌就會有報導，便可以此為題材得到曝光的機會，並進一步安排宣傳活動。不過，最快的捷徑還是靠著商品的好味道獲得真心熱愛食物的人或飲食相關專業人士的認可。

03

請告訴我在選擇通路或者要思考是否繼續時該有的思維。

小 規模事業所進行的商品開發和大廠的商品開發不同,要選擇「能傳達商品內容」而非「能賣商品」的店家。要與店家建立起信賴關係,讓擁有共通敏感度和感受性的經營者理解商品的優點,成為同一陣線的夥伴,目標為促使造訪店家的顧客對商品產生興趣,實際使用並讓顧客感到滿意。一旦開始合作不代表就永遠接得到訂單。要持續地交換資訊,經常腦力激盪提供店家新點子,不然等著取而代之的商品多得是。

04

什麼樣的工具最適合用以傳達生產者的想法?

生 產者當中也有擅長用話語傳達自己想法的人,但不是所有生產者都很多話。在選擇傳達生產者想法的手段時,除了要思考要傳達的對象、傳達方法之外,還必須審慎思考要以何種形式才最有效果。以下幾種方法都可以納入考量:生產者利用網誌或社群網站等自己為自己發聲;訪問生產者再將生產者的想法刊載於摺頁等紙本媒體;如果概念強而有力,可做為商品文案放到各種包裝之中;播放類似記錄片風格的短片等。

05

有哪些加強宣傳能力的方法或者增加知名度的宣傳手法?

像 這次香草的案例一樣,以食譜做為融入生活的具體方法去宣傳或者推出能擴大品牌活躍度的商品,可讓商品在複數場合獲得曝光,進一步拓寬活用商品的方法,最後可紮實地促進宣傳效果。重點在先喚醒大家想吃地方所生產的美味食品的興趣及對未知事物深度探索的慾望,並且去滿足這些需求。如果是從原料開始製作的商品,一定要仔細將製作地點、製作人、對食品的堅持、製作的工夫與技術等資訊傳達給顧客,才能創造品牌價值,達成有效的宣傳。

06

請告訴我開發商品或品牌時能同時滿足地方及全國顧客的要訣。

要 訣如下:要和全國鋪貨的大廠商品做出明顯區隔;不是到哪裡都買得到(要給人商品或品牌有特別挑選過並不隨便的印象);此外,商品或者品牌就算在距離很遠的地方(例如東京)也要能讓人聯想到該地區的形象並能充分傳達該地區的想法。

建議在品牌或商品的命名或者包裝當中加入受歡迎的要素。譬如當地的客人可用來和地方食材搭配應用於日常生活中,其他地區的客人也可輕鬆拿來當作土產送人的商品便很受到客人歡迎。

有沒有能幫助剛起步的商家在休息站或期間限定活動等據點達到更好宣傳效果的方法？

實際的情況就是，販售時若只是將商品擺在那裏，幾乎不會有人願意停下腳步。要準備用以製成該產品的特色原料、可試吃的食物、食譜或摺頁廣告等多樣手段，利用其中任何一樣去吸引住路過的人。如果沒人駐足那什麼都是白搭，因此攤位的背板、指示牌或宣傳海報等也非常重要。此外，透過香氣或者聲音等吸引人逗留也是一種方法。

可以打造刻意不對全國宣傳的品牌嗎？

當然可以。讓商品滲透到地方生活當中，成為地方居民愛用商品，牢牢抓住地方粉絲的心也是一種做法。原本收穫量或製造量就少的商品就算以全國為宣傳對象也很難銷售到全國，因此必須根據可以銷售的量去思考宣傳方式及範圍。但無論如何，先決條件都是要能確保銷售方法可傳達商品的優點才行。

如果想要透過商品讓人注意到物產及生產環境（地區），怎麼去宣傳較有效果？

透過調查全國其他地方民眾如何看待該環境和地區、有著什麼樣的印象、從日本規模或世界規模來看物產或地區的定位，便可大大提昇打出有效宣傳的機率。如果眼界不夠大是推廣不出去的。

以在活動期間100天約有100萬訪客湧入數個小島的瀨戶內國際藝術祭等活動為例，必須要清楚知道受到世界各地關注的地區情況及縣政府等行政單位有什麼樣的觀光方針。這次在檢討香草一案的命名時，亦有將潮流走向納入考量。

如果商品受到矚目的程度超乎期望，此時生產者有哪些要小心的地方？該留意哪些事項？

有時也會接到只追求販售該商品能獲得的利益，對產品概念及優點一丁點興趣也沒有的企業發出的合作邀約。如果變成了一下子就退燒的商品，那費盡心血好不容易培育出的商品也太可憐了。應該要選擇有心的合作夥伴，能基於雙方互相理解的基礎上去決定商品的出貨量等內容。

特別要小心連商品都沒吃過就來詢問合作意願或者要報價的店家。此外，關於電視等媒體的曝光部份，也要仔細確認細節，並透過交涉讓媒體不要以期望之外的方式來呈現。同時也要小心不要被收取預期外的刊登費用等。

可以將味道和設計有所差距的既有商品系列和新商品一起販售嗎？

只 要不是要將所有商品重新設計的案件，新商品和既有商品在某種程度上一定會產生差距。如果有將新商品系列獨立出一個品牌等將不同商品系列做出區隔，應該就沒有問題。在思考新商品的宣傳活動時，也應該要考慮到網站及賣場裡和既有商品的區隔方式。要小心去調整比例，避免感覺太突兀。

需要根據目標通路去改變設計的方向性嗎？

設 計經常會根據目標客群去進行調整，因此如果通路不同，理所當然設計的方向性亦會有所改變。換言之，就算是相同的商品，只要改變設計，也可以連帶改變銷售的通路（舞台）。如果想讓特定店家以特定形式呈現商品，也就是在對賣法已有具體的想法和目標的情況下，可以事先多方聽取意見，調查朝向目標所需的設計內容。

請告訴我可針對全國操作呈現「商品價值」的設計要點。

藉 由將地方名稱融入命名或logo中或者運用具懷舊感的色系及圖樣可以傳達地方特色與自然感。當然也有取用更具體的文化象徵或歷史要素的手法，不過切記要避免會聯想到代表地方刻板印象的設計。

使用「操作」一詞雖然給人好像要炒短線製造一時熱潮的印象，但設計時必須要想像商品能為認真面對生活的使用者其平淡無奇的日常生活來附加價值，透過將「食」納入每一天的生活當中去一點一滴地改變日常的景色。目標為設計出能讓人聯想到該商品、該地方並讓想像自由馳騁的設計。

不追求一時流行，要達到建立穩固品牌形象再進一步發展為止會經歷哪些階段？

要 讓人認知到一個品牌需要相當的時間。原本要達到「品牌」的知名度只能靠他人的評價。必須要針對較長的一段時間來進行規畫，包括在受到外面的認可為止之前該如何創造及穩固基礎，以及有知名度後的發展方向。

在這次的案例中也是，銷售量和合作對象在創立新品牌後慢慢地爬升，之後不僅限於該項商品，包括生產原料的物產之縣內需求量及全國性企業的合作也一併有所拓展。同時也著手和不同夥伴合作推出聯名商品及開發其他系列的原創商品等，讓以生產者為主體的優勢幫助穩固品牌形象並持續發展。

07 地方食品製造商的商品開發

\ SAMPLE /

微笑的餐桌

改變一般人的價值觀，
不輸給全國大品牌的創意轉換能力。

💡 *CONCEPT* 概念

「由真空包裝即食食品開始散播　微笑的餐桌」

🎯 *MISSION* 任務

真空包裝即食食品不是就不好。活用真空調理法做出美食，目標為打造出扭轉至今一般人對真空食品所抱持的「偷懶」、「難吃」印象的品牌。

📋 *ORDER* 要求

來自多年來一直持續推出強調地方特色商品的地方食品製造商的委託，為了拓展新客源，目標是開發出具地方色彩及全新概念的商品及品牌。

START & GOAL

出發點

思考現代飲食中
真空包裝即食食品的定位

這十幾二十年來飲食環境有了劇烈的變化。但在飲食業界，特別是非都會區的地區，有很多地方製造商無法跟上潮流變化，完全贏不過全國性品牌。消費者需求及生活方式變得多元化，從網路收集資訊也變得很容易，因此必須思考和大型製造商及大品牌的差異化。

▼ 事先該掌握的狀況及預測

- 掌握真空包裝即食食品的現況（超級市場、百貨公司等的市場調查）
- 調查大賣商品的傾向
- 從消費者飲食動向來預設用餐情形
- 自飲食趨勢來預測大眾對真空包裝即食食品的期望與要求

目標

開發顛覆真空包裝即食食品
既定印象的商品

晚近健康取向、天然取向越趨盛行，真空包裝即食食品總是擺脫不掉「對身體不好」、「充滿添加物」、「不健康」等形象。藉由活用真空烹調法的優點，極力避免加入添加物等物質，不以處理產品而是以製作料理的方式去開發出和刻板印象完全相反的商品來顛覆真空包裝即食食品的負面形象。

▼ 檢查達成項目　Check!

- ☑ 有做出和大廠的差異化嗎？
- ☑ 有加入消除罪惡感的設計嗎？
- ☑ 成品是否呈現出料理的形式？
- ☑ Logo和包裝是否夠引人入勝不會埋沒在其他商品中？
- ☑ 設計是否達成和消費者溝通的任務？

「微笑的餐桌」系列商品包裝。強調商品為特殊的真空包裝即食食品，不會在全國性品牌的眾多商品當中被埋沒。

Client：哲多鈴蘭食品加工（股）、Food & Life Director：赤松陽子（Air.+）、Photographer：池田理 （D-76）、Designer：QULNE、Web Designer：QULNE

1

小規模廠商的機會

首先要理解和大廠的差異。企畫能力、開發能力、銷售能力、宣傳能力等各方面皆是小規模，反過來利用這點能進行精簡又迅速的企畫及開發等正是小廠的強項。要靈敏地捉住大眾的喜好，迅速地去著手企畫開發。同時要抱持著柔軟的態度去多方嘗試，如果被既定觀念所圍是無法進步的。

2

創造顛覆負面印象的設計

為什麼現有的商品很難吸引新的顧客呢？是不是因為無法配合現代人的生活方式或飲食需求呢？只要冷靜下來分析，掌握消費者的心情和行為，答案自然就會浮現。如果假設大家對真空包裝即食食品抱持的罪惡感就是負面印象的來源，結論就是必須要下功夫消除罪惡感，接著就會想出很多辦法和靈感。

3

推出有魅力的料理

以往的真空包裝即食食品會讓人感到罪惡感的理由來自於給人偷懶之感。這次在企畫商品時，有特別注意要做出有手作感及盡可能不使用添加物，活用真空烹調特色的「料理」商品。不是推出一項新產品，而是以推出一道菜的感覺去完成專案商品，重要的是要創造出對消費者來講有魅力的新選擇。

4

推銷料理的包裝

設計Logo和包裝時必須要強烈意識到和全國性品牌的差異化。在超級市場和百貨公司的架上陳列時，如果和大廠採用相似的設計便會遭道埋沒。選擇能直觀呈現出商品的特色價值，不隨處可見，並具有刺激消費者好奇心要素的設計效果最佳。目標為做出會讓人想要拿在手上的視覺設計。

5

設計品牌網站

有了希望確實傳達給個人消費者的品牌概念，接下來網站也要用一眼就能理解概念的視覺設計去吸引顧客。如果重點放在用品牌網站傳達核心概念，可以將B2B（企業對企業）和B2C（企業對個人消費者）的詳細內容用不同的路徑分別呈現會比較清楚。

6

設計溝通交流的方式

和消費者溝通的關鍵在於商品本身的嶄新切入點。必須思考如何讓真空食品跳脫出過去真空產品的形象，傳達品牌概念為餐桌帶來歡笑的「真空烹調料理」。如果最後推出的商品依舊止步於「真空產品」，不僅無法脫離既有的通路，也打不到新的目標客群。

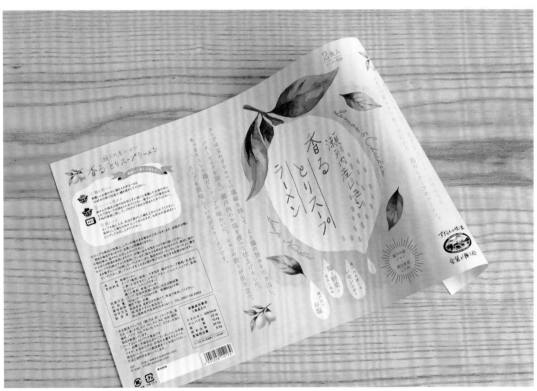

同一客戶的商品「香檸雞湯拉麵」的清爽包裝及包裝標籤所展開的樣子。

7

容易陷入的迷思

要說幾次都可以，我經常看到抄襲大廠及炒冷飯的例子，就算你做出和大廠一模一樣的商品也是沒勝算的。要找出其他人還沒做過的事，才能開發出有趣的商品開闢新天地。在時機選擇上也是，如果已經在流行大賣才發現，那就算在此時跟進也為時已晚。

8

搶先預測消費者的想法

現在的消費者獲得資訊的速度風馳電掣，如果只是靠大廠的啟發、去東京找靈感、尋找可模仿的商品等做法，不僅跟不上消費者的想法，反而會落於人後。平時除了自己的各項商品、商圈的資訊外，還必須要將觸角伸到飲食及生活相關的各種資訊，才能搶先預測消費者的想法。

9

達成的效果

以「由真空包裝即食食品開始散播 微笑的餐桌」做為品牌概念，同時同名品牌也將重點放在對食材與味道的講究、真空烹調食品的進化細心地傳達給消費者。以往在餐飲相關的展場等完全不會停下腳步詢問的女性採購以及不曾往來過的其他業種的採購都開始表示興趣，新客戶也增加了。

專案進行步驟

掌握既有商品的現況

掌握既有商品的詳細狀況
（通路、購買客群等）

掌握類似（競爭）商品的狀況

檢討新商品開發整體方向性及品牌
方向性

確立新商品的概念及目標

確立品牌概念

企畫符合品牌概念的商品

開始進行商品開發（試作）

比較類似商品

試吃、改良、修改新商品

檢討份量與售價

檢討包裝設計

試作及修正包裝設計

檢討促銷廣宣工具

商品完成

試銷

開始販售

以「微笑的餐桌」為核心概念所設計品牌網站（上）、網站用主視覺、主打料理的成品照。

傳單及掛軸等促銷宣傳工具。將希望傳達給消費者的概念：吃得安心的食品、用心的食材
與滋味、有魅力的料理等資訊利用吸睛的設計去包裝。

食品製造商的使命

ADVICE

有了網路和便利商店，只要有手機就能夠安排訂貨或配送。在什麼都可以買得到的時代，食品製造商負責了只要活著就很重要的「食」，不僅止於滿足食慾的需求，還必須肩負更深一層的任務——食品製造商要再次去重新理解「食」的意義，懷著對「食」的尊敬之心去提供「理想的飲食」。從這樣的使命感中就可以找到商品開發的提示。

QUESTION
01

請告訴我地方食品製造商的優勢與弱點。

地方食品製造商的優勢在於可進行小批量及精簡的開發，活用和生產者或（當地）企業的關係去開發商品。但弱點則包括就算在當地小有名氣但全國性的知名度卻很低，還有很難去設立專門開發的部門等。因此要去找出唯有小批量生產可達成的精巧工夫及堅持，將其做為賣點並實際應用在商品上。

優勢	• 有很多小規模數量的開發機會，可有機動性靈活地去執行 • 就算失敗也很容易再站起來
弱點	• 知名度低 • 欠缺開發能力（人員不足、資訊不足、資金不足） • 欠缺宣傳能力（合作廠商有限、資金不足）

用語解說

全國性品牌
具有全國性知名度、受到廣泛認識的製造商或品牌。指由製造商所推出在全國流通的各種自家商品。

QUESTION
02

請告訴我大型食品製造商的優勢與弱點。

知名度高的全國性品牌的優勢在於新商品可立即展開宣傳行銷。已經具備通路管道，因此可以在店面直接進行規畫好的宣傳，且也較容易被媒體等報導。另一方面，為了要達到一定規模而不得不捨去許多細節，「鮮明的品牌形象」反過來說也可能成為讓所有商品都看起來一樣的弱點。對全國性品牌來說，今後如何去「視覺化」對「食」的概念及尊重，將會是很關鍵的課題。

優勢	• 強大的品牌力
弱點	• 生產量、製造量的設定數量較鉅 • 規模較大，因此需要一定期間才能走到實際開發的階段

用語解說

自有品牌（113頁）
通路業者或零售業者所推出的自家企畫販售商品。指依照自己公司的想法去企畫後委託外面製造商生產，再透過自家通路獨家販售的各種商品。

QUESTION 03

接下來食品製造商的宣傳方式等會怎麼轉變呢？

只 列出價格和商品特徵就能「賣出商品」的宣傳是越來越無法讓商品大賣了。如果不能提出讓人在接觸到該項商品時能具體想像出吃的場合與吃法的傳達方式，那麼顧客是不會買單的。在利用社群網路等手段使觸及不特定群眾變得更容易的情況下，如果周遭的競爭對手也採取一樣的方法，結果還是只能被淹沒在眾多資訊中載浮載沉。務必要找出能打動眼光很高的客人及採購，以好吃的整體「情境」為切入點去推銷。

QUESTION 04

請告訴我經營食品製造商的官網、電子商務（直營）網站有哪些需要注意的地方。

依 據希望透過網站讓人理解、傳達什麼樣的內容，還有是B2B（企業對企業）還是B2C（企業對消費者）的不同，網站的架法及呈現方法也會有所不同。有很多網站會將不同目的的要素全部混在一起，要特別小心避免。電子商務網站也不是只要架好了就會大賣。必須要仔細檢討在電子商務網站販賣的意義、不讓人感到壓力的商品檢索方式及付款方式等各項要素，找出最佳的機制。

QUESTION 05

請告訴我生產者與食品製造商在開發商品時不同的觀點。

生 產者自物產（原料）就開始自己製作正是他們的優勢，而食品製造商則是購買原料再加以製作，因此不具備這項優勢。故食品製造商所開發的商品必須要有其他做為商品的強項。生產者的商品開發要能讓人直接想像原料的魅力，進而激發讓人想吃吃看的心理。而食品製造商的商品開發的第一優先則並非讓人想像原料的美味，而是強調商品成品本身的魅力，將重點放在使人想像此商品進入自己生活日常時的優點，促使人想一再回購。

QUESTION 06

請告訴我生產者與食品製造商在進行商品設計時不同的觀點。

在 要呈現商品的優點及概念的觀點這部份雖然一樣，但因為前項所述的不同商品優勢，自然會導致「門面」的不同。此外，兩者的目標客群及販售通路大多不會重疊，因此傳達商品概念的方式也會不同。

由生產者自行包裝出貨以及由專門部門或工廠來包裝的不同情況下，因規模不同能做的包裝也不一樣。同時也要去試著想像商品的販售數量、配送時的捆包方式、販售時的陳列方法、購買後的保存方法等硬體面的相異處。如此自然可看出每項商品在設計時應該考量的要點。

地方食品製造商的
商品促銷宣傳

\ SAMPLE /

日本新糠蝦
海鹽 [19]

製作有背景故事的食譜，
傳達在地食物美味。

CONCEPT 概念

以「富地方色彩的飲食及生活」為骨幹的促
銷用食譜

ORDER 要求

為鳥取縣的食品製造商製作以全國為對象，
商品促銷用的概念食譜（包括料理照片）。

MISSION 任務

清楚營造出和大廠所展開的宣傳的差別化，
精心設計出具有地方特色、能將商品優點發
揮地淋漓盡致的食譜及視覺，讓食譜及視覺
擔任直接影響到銷售的「業務員」角色。

19 日文原文作日本新糠蝦海鹽，直譯為蝦乾鹽。

START & GOAL

 出發點

找出被埋沒的地方食材的
附加價值

自古以來就為當地人所食用的日本新糠蝦
為只有初春時節屬於富營養湖的湖山池才
能捕獲的珍貴食材。為了向全國推廣外縣
或外面的人尚未聽過的食材，不僅要傳達
商品本身的優點，更必須要找出附加價值，
連同該地區的生活及自然環境、食材的起
源背景一併傳達出去才行。

目標

確立要宣傳的內容，
製作以概念為重的食譜

品牌設計及企畫由當地的設計師團隊負責，
筆者所負責的是製作傳達品牌設計及概念
用的食譜及食譜用照片的食物造型。食譜
要包含照片，其目的不光是用來促進銷售，
更要能宣傳理念。

專案進行步驟

確認商品概念、
目標客群

把握商品特性

類似商品等的市場調

仔細考慮後提出能更加
提昇商品概念的食譜

仔細考慮後做出能傳達食物美味的
食物造型設計

調整並完成易懂、
容易執行的食譜

開始宣傳

※ 製作食譜的步驟請參照98頁。

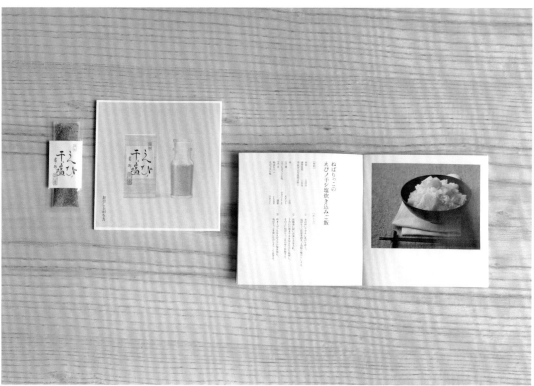

商品「日本新糠蝦海鹽」（上）、宣傳用食譜手冊（下）。

Client：JAGDA鳥取、Food & Life Director：赤松陽子（Air.+）、重名麻子
（Air.+）、Food Coordinator：清廣亞矢（Air.+）、Photographer：東本 孝
（STUDIO KYLYN）、Designer：JAGDA教育委員會、JAGDA鳥取

1 理解商品的優點

確實理解該商品的各項資訊相當地重要，包括商品的製作方式、推銷商品時的定位、有無同樣的商品、和類似商品相較之下的特色等……。如果不能看清商品的優點，則無法製作出能發揮其長處的食譜。

2 促銷用食譜的角色

由於是促銷用的食譜，首要之務便是要能夠幫助商品的銷售。特別是地方食品製造商所推出的商品由於不像大廠必須均一化進行全國販售，故很難在促銷用食譜當中呈現地方特色及飲食文化，因此如何去細膩地傳達這些內容就成了重要的要素。

3 發揮出優點的簡單食譜

這些食譜必須能讓一般人覺得「看起來好好吃」、「想做做看」、「動手做吧」，因此大前提就是要簡明扼要淺顯易懂。並且在某種程度上要能夠讓人想像得出成品的味道。應當避免除了商品之外還需要特殊食材或者烹飪器具，又或烹飪時間很長的食譜。應在容易理解的食譜範圍內盡可能地去呈現該商品的特長。

4 傳達食譜內容的料理照片

將商品的美味之處呈現出來的料理照片是針對商品概念、價格區間、目標的重要視覺傳播手段。在製作食譜的同時亦必須考慮到食物造型的圖像。此外，視要用於網站還是摺頁廣告等不同的用途，拍法和造型亦會有所變化。這次為了襯托出鹽本身的稀少性及精緻程度，採用了較洗鍊雅緻的食物造型。

5 容易陷入的迷思

無法傳達概念的食譜、未理解商品特色的食譜、模仿大廠而沒有融入地方優點的食譜、很挑人的複雜料理食譜皆應避免。如果做出來的內容只是單純介紹料理的食譜而無法打動目標客群，是無法傳達商品的優點的。這樣商品絕不會大賣。

6 達成的效果

「日本新糠蝦海鹽」的定價絕對不算便宜，但靠著網站及食譜手冊中的食譜及視覺訴求，提昇了商品做為各種禮品及土產等不同方面的需求量，也獲得了很高的評價。此外，也獲得了由專業廚師、採購、餐飲顧問等飲食專家所選出的優秀產品「料理王國100選2019」的肯定。

つづみ食品　　鳥取県から日本海と湖山池の恵みを全国へ

商品紹介　　　　　　レシピ紹介　　　　　　通販サイト

在充滿描繪風景畫般詩意的商品介紹的品牌
網站依然吸睛的食譜料理照片。

08

地方食品製造商的商品促銷宣傳

製作有背景故事的食譜，
傳達在地食物的美味

\ SAMPLE /

鷹取醬油

CONCEPT 概念

為每天的菜色變化出更多花樣，讓家中餐桌整年都豐富的調味料商品的促銷用食譜

ORDER 要求

製作有100年以上歷史醬油店的季節促銷用食譜。希望有簡單易懂並能活用商品特色的食譜及漂亮的料理照片。

MISSION 任務

運用曾經手許多針對餐飲業的營業用調味料的技術能力去製作能滲透到一般家庭的食譜。目標為做出每天都可使用，做起來簡便又好吃，讓菜做得更好的食譜，同時也希望增加季節性及地方性飲食的享用方式。

START & GOAL

出發點

**試著去思考為什麼
討厭做菜或不會做菜？**

試著去思考不喜歡做菜的背後原因，包括「想菜單很難」、「無法掌握調味」、「不知道做菜的方法」、「不了解食材」、「很麻煩」等等，並在製作食譜時，去想出能分別解決每一項問題的食譜。

目標

**朝著讓人愛上做菜
或變得更會做菜的方向邁進**

藉著設計出簡單的食譜，用漂亮的照片去介紹看起來很好吃的料理促使人有意義地去使用調味料。目標為「覺得做菜很難但如果是這種的應該可以試試看」、「這麼簡單就能做出好吃的料理真有趣」、「以前搞不清楚用法的食材現在知道該怎麼用了」等等，一步一步朝不知不覺讓使用食譜的人上癮的食譜邁進。

POINTS

1

掌握季節的當季食譜

隨著超級市場變得一整年都會販售各式各樣的食材，不知道（搞不清楚）原本產季的人也越來越多。首先提案的這一方必須要確實掌握原本的產季資訊，包括其他以溫室等各種栽培方式出貨的「初出」、「盛產」、「季末」的知識。此外，由於當季食材不需要太多處理就很好吃，設計食譜時要將這點納入考量，力求步驟簡單為上。

2

達成的效果

以營業用調味料為基礎去開發的調味料味道紮實，如果再搭配上更能幫助理解其商品概念的食譜，實力可謂如虎添翼。在展現出一般家庭也能輕易做出可品味不同季節美味的料理後，新客人和回頭客的數量皆有所增長。

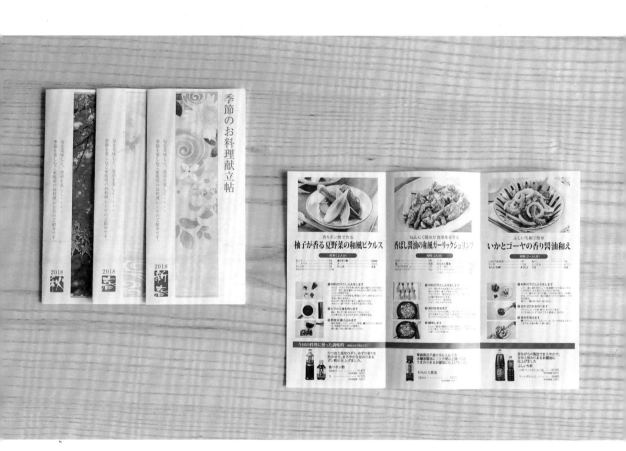

活用「鷹取醬油」各種調味料的季節菜單。製造廠商的官網亦同步更新。

Client：鷹取醬油（股）、Food & Life Director：赤松陽子（Air.+）、Food Coordinator：清廣亞矢（Air.+）、Photographer：東本 孝（STUDIO KYLYN）、Designer：山崎真榮

ADVICE

食譜的製作方法

食譜也是你的業務員。能否傳達物產或商品的美味及優點全賴食譜。首先，食譜必須要能簡單又直接地傳達美味。不要想著不過是區區食譜而已，其實食譜才是重點。如果瞧不起食譜可是會有慘痛下場的。請務必用心去開發食譜。

QUESTION

01

請告訴我好的食譜的特徵。

◎ 易懂
◎ 簡單
◎ 讓人想動手做做看

◎ 讓吃變得更有趣
◎ 對生活有幫助
◎ 可對食物有更多認識

QUESTION

02

請告訴我不好的食譜的特徵。

△ 不好懂
△ 難度高
△ 做不成功會讓人打退堂鼓

△ 目標受眾和目的不明確
△ 僅為了發明者的自我滿足

QUESTION

03

請告訴我製作食譜的程序。

可

讓食譜大展身手的情境有很多，在此介紹的是用來宣傳食材及商品的食譜開發程序。

| 製作食譜的步驟 | 掌握食材、商品的特徵 | → | 掌握販售客層及通路 | → | 決定食譜的受眾及目的 | → | 審視食譜候選案 | → | 試作、調整食譜提案 | → | 調整食譜文案及體裁 | → | 完成食譜 | → | 拍攝調理過程及成品照 | → | 調整原稿 | → | 完成 |

QUESTION

04

請告訴我創造出大量好食譜所需的技巧。

要多看、多了解、多去動手做各式各樣的食譜。必須要在日常生活的實踐中訓練自己理解食材的優點，並經常去思考怎樣的吃法最好吃。先預設希望傳達食譜的對象，再去訓練自己能想像出針對目標客群的具體內容。譬如說舉料理雜誌做為參考好了，我們可以看到料理雜誌會設定各式各樣的目標，例如適合初學者、主婦、男性、派對或者專業人士等。

QUESTION

05

請告訴我食譜成品照所需的要素。

第一就是要看起來好吃。講起來很理所當然，如果照片不能讓觀者覺得「看起來好好吃！好想做做看！」是無法促使人走到實際去閱讀食譜這一步的。因此給人留下第一印象及有衝擊力的記憶點是十分必要的。此外，料理的門面會因食物造型的手法而有非常大的變化。有時也會按照關鍵的食材或商品去搭配能反映出其地方特色的器皿或物件。精心設計的視覺圖像可為食譜增添故事性，提昇食譜的說服力。

QUESTION

06

請告訴我開發公開食譜與餐飲店用食譜的不同之處。

食譜大致可以分成公開食譜（行銷用）及餐飲店用食譜（商品菜單）兩種。兩者雖然在活用食材追求美味及營造形象等方面有共通之處，卻是完全不同的東西。

公開食譜（行銷用）是以在家調理為前提的家庭料理用食譜。必須能夠使用一般家庭廚房會有的工具去製作。餐飲店用食譜（商品菜單）則是營業用的食譜，因此還必須考慮到處理、保存及供應時的執行方式。調理時用的也是營業用的廚房器具及機器，製作的量也大不相同。

QUESTION

07

請告訴我製作有用的食譜的要點。

一份有用的食譜最重要的就是要能傳達食材或商品的優點。就算拿到了食材和商品，大多數的人應該都不曉得如何吃才最好吃，而食譜則扮演了美味點子全集及使用說明書的角色。請用簡潔及容易理解的文章和照片去呈現食譜。

如果是在烹飪教室或者工作坊等場合使用的食譜，將最能發揮食材或商品的烹飪方法及技巧加入食譜中是非常重要的。好比說今天要強調的材料是橄欖油的話，講解重點就要包括針對加熱時溫度的注意事項及與其他調味料混合時的乳化方法等。

發揮出美味的食譜

此章以實際經手的專案為例分別介紹所開發、公開的食譜。這些食譜在製作時的目標為將要強調的食材或商品的魅力簡單直接地傳達出去，讓人感到「看起來好好吃！好想自己動手做做看！」

1. MARUI Life
柑橘風味繽紛小番茄佐竹筴魚沙拉

材料（4人份）

竹筴魚（生魚片用）…………	12片
綜合小番茄…………………	8顆
綜合嫩葉蔬菜………………	1盒

醃漬液
白酒醋……………………	½大匙
鹽………………………	1小撮
黑胡椒…………………	適量
橄欖油…………………	2大匙
小番茄…………………	5顆
葡萄柚…………………	½顆
梅干……………………	1個

做法

❶ 處理材料

- 竹筴魚…一片一片分別排列在調理盤上後灑鹽（未記載於食譜中 1小撮）。靜置一段時間備用。
- 綜合小番茄…去蒂切薄片。
- 綜合嫩葉蔬菜…泡水。
- 小番茄…去蒂切成4等份。
- 葡萄柚…去皮切成邊長1㎝的丁。
- 梅干…去籽後稍微切碎。

❷ 製作醃漬液

於碗中加入白酒醋、鹽、黑胡椒，再用打蛋器攪拌，拌到鹽溶化為止。
分批加入少量橄欖油，使其確實乳化。
加入小番茄、葡萄柚、梅干後攪拌。

❸ 醃漬

竹筴魚用廚房紙巾擦乾後放入醃漬液中醃。
將切成薄片的綜合小番茄鋪在器皿中。
盛入瀝乾的綜合嫩葉蔬菜，再放上醋漬竹筴魚。

Tips

加了柑橘、番茄、梅干等各種酸味的醃漬液可帶出魚的鮮味。盛盤時將番茄的切面朝上，可愛又繽紛的沙拉就完成了！

材料（約2～3人份）

岡山蜜桃豬肉[21]（梅花肉） …	300 g
鹽‧黑胡椒	適量
紅蘿蔔	1根
馬鈴薯	2個
西芹	1支
小洋蔥	8個
其他 依個人喜好加入蕪菁等	
百里香	½小匙
迷迭香	½小匙
月桂葉	1片
鹽	適量
黑胡椒	適量

2. 瀬戶內古都之丘香料
義式燉岡山蜜桃豬肉[20]

做法

❶ 處理材料

○ 紅蘿蔔、馬鈴薯…去皮依個人喜好切成適當大小。
○ 西芹…切成3等份。
○ 小洋蔥…去皮。
○ 豬肉…讓肉恢復到室溫，用鹽、黑胡椒去調味。

❷ 燉煮食材

❶將❶所有的蔬菜放入鍋中，加入水稍微淹過蔬菜，加入香料，用中小火慢慢煮熟。待香氣開始出來後加入肉，用小火不要煮沸慢慢燉約1小時燉透。可依個人喜好佐芥末籽醬或義式青醬[22]（巴西利醬）

20　Bollito，義式燉肉。
21　日文原文為ピーチポーク，為日本岡山縣的特產豬肉。為無特定病原（SPF）豬。
22　salsa verde

Tips

使用了「瀬戶內古都之丘香料」的燉煮料理。香料帶出了食材的風味，可享受到簡單卻不單調、富有層次的好滋味。

材料（瑪芬蛋糕型6個的量）

A	菊芋粉	20 g
	葡萄籽油	3大匙
	（其他植物油亦可）	
	細砂糖	5大匙
	原味優格	2大匙
	雞蛋	2個
B	低筋麵粉	200 g
	泡打粉	2小匙
牛乳		90 ml
菊芋脆片		10 g

3. Tagayasefarm
菊芋瑪芬蛋糕

做法

❶ 處理材料

雞蛋…打勻備用。
將B的粉類混合後篩過備用。

❷ 製作麵糊

將A的材料加入碗中充分拌勻，再加入蛋液攪拌。加入粉類後用抹刀稍微攪拌一下。再加入牛奶拌過。

❸ 烤製

將麵糊倒入瑪芬蛋糕模具中，放上弄碎的菊芋脆片。放入烤箱用190℃烤約15分。

Tips

使用菊芋粉和脆片做成的健康瑪芬蛋糕。加了菊芋的瑪芬蛋糕有著獨特的甜味和香氣。菊芋粉用來增添風味，菊芋脆片則可讓人嚐到特殊口感。

4. 和風紅米義大利麵沙拉

紅米有限公司

Tips

使用加了紅米的彈牙「紅白烏龍麵」所設計出的清爽的義大利麵沙拉冷盤。除了起司和蔬菜外，還加入炸紅米的米菓增添口感及焦香風味，讓沙拉更加美味。

做法

❶ 處理材料

- 洋蔥碎…用平底鍋加熱橄欖油，加入洋蔥用中小火去炒。炒到呈黃褐色時加入高湯煮沸，再加入Ａ的調味料拌勻。
- 紅米…放入約170℃的油中素炸，炸到跳起呈酥脆狀後起鍋瀝乾油份。
- 蘆筍…切除基部約3cm並去掉較老的鱗片，用加了鹽（未記載於食譜中）的熱水煮約2分鐘後泡入冷水中。
- 小番茄…去蒂切半。
- 起司…切成骰子丁。
- 綜合嫩葉蔬菜…泡水備用。

❷ 煮紅白烏龍麵

用大量沸騰的熱水將紅白烏龍麵煮至約9分熟後泡冷水使其緊實。

❸ 具材とドレッシングを合わせる

將❶的醬汁和蔬菜、烏龍麵加入碗中大致攪拌後盛盤。最後裝飾上炸好的紅米即大功告成。

材料（2人份）

紅白烏龍麵	2把
洋蔥（切碎）	50g
橄欖油	1大匙
高湯	120cc

A		
	醋	2大匙
	薄口醬油	2大匙
	檸檬汁	⅛顆
	蜂蜜	1小匙
	鹽	2小撮
	蘆筍	3根
	小番茄	6顆
	綜合嫩葉蔬菜	
	莫札瑞拉起司	適量
	紅米 炸油	適量

5. 日本新糠蝦海鹽醋飯手鞠壽司

日本新糠蝦海鹽

Tips

用加了「日本新糠蝦海鹽」的醋飯作出可愛的手鞠壽司。醋飯結合了蝦子濃厚的鮮味及香氣，呈現出更為奢華的美味。醋飯染上些許蝦子所帶來的粉紅，讓外觀更加美麗。

做法

❶ 處理材料

將Ａ的材料放入碗中攪拌，製作壽司醋。

❷ 製作醋飯

白飯放入碗中，加入❶的壽司醋、日本新糠蝦海鹽後大致拌勻。

❸ 和料一起擠出手鞠形

將❷的醋飯及自己喜歡的料放到保鮮膜上，擠出手鞠的形狀。

23 180ml。

材料（約2～3人份）

白飯	2合[23]

A		
	米醋	90ml
	砂糖	60g
	鹽	1小匙

日本新糠蝦海鹽	1小匙

其他	依個人喜好

搭配生魚片、季節鮮蔬、檸檬等食材

材料（2合的量）

米	2合
「A 酒	1大匙
└ 日本新糠蝦海鹽	½ 小匙
水	適量
鳥取黏山藥	150g
日本新糠蝦海鹽	1小匙

日本新糠蝦海鹽

6. 鳥取黏山藥[24]佐日本新糠蝦海鹽 炊飯

做法

❶ 處理材料

○ 米…洗好後瀝乾。

○ ○ 鳥取黏山藥…去皮切成寬1cm的輪切片。

❷ 煮飯

加米和A的材料加入飯鍋中，加水到2合的線後稍微拌一下，再放上鳥取黏山藥去煮。

❸ 完工

煮好後加入日本新糠蝦海鹽，攪碎鳥取黏山藥和飯混合。

24 日文原文為ねばりっこ。為鳥取縣農業試驗所開發出的新山藥品種。

Tips

使用了「日本新糠蝦海鹽」及鳥取縣名產「鳥取黏山藥」所做成的炊飯。飯吸收了新糠蝦海鹽的鮮味再搭配上鳥取黏山藥的軟黏口感，好吃得叫人欲罷不能。

CASE 08 發揮出美味的食譜

材料（2人份）

秋葵	4支
小番茄	4顆
蘘荷	2支
小黃瓜	½ 根
香柑橘醋醬油	150ml
水	150ml
山椒粉	適量

鷹取醬油季節食譜筆記

7. 使用香柑橘醋醬油 柚子風味的和風夏季蔬菜漬物

做法

❶ 處理材料

○ 秋葵…去蒂及硬皮，用鹽（未記載於食譜中 少許）在砧板上搓揉後沖淨。用加了鹽（未記載於食譜中 少許）的熱水水煮1分鐘後撈起泡水，瀝乾後備用。

○ 小番茄…去蒂。用沸騰的熱水快速燙一下再泡到冷水中去皮。

○ 蘘荷…切除基部後縱切成一半。

○ 小黃瓜…切成方便入口的滾刀塊。

❷ 製作醃漬液

將香柑橘醋醬油和水加入鍋中用中火加熱，煮滾後整鍋離火放涼。

❸ 醃漬蔬菜

於耐熱容器或者瓶子等容器中裝入處理好的蔬菜及❷的醃漬液，放置冰箱半天到一晚時間。盛盤，灑上山椒粉後食用。

Tips

醃漬液使用和風的調味料柑橘醋醬油加水調成，只要將蔬菜浸泡到醃漬液中即可輕易做出帶有明顯柚子和高湯風味，和平常有點不一樣的和風漬物。

食物造型的要點

「料理」二字由「料想」的料和「道理」的理所組成，就是要驅使人類展現各種智慧及技術讓吃的人吃得開心。除了烹調技術之外，還必須要加入吸引人的技巧，添上裝飾，注意與餐具及杯子等其他器物搭配的平衡，達成以上所有項目後才算完成一道料理。食物造型肩負了運用視覺去享受季節的滋味、滿足追求飲食之心的重大任務。

QUESTION

01

食物造型的工作包括哪些內容呢？

一言以蔽之，就是創造出以料理為中心，讓和飲食相關的各種產品看起來吸引人又好吃的視覺設計。每個人對美味都有不同的詮釋，解讀也會因人而異。食物造型的手法會依照想呈現什麼樣的視覺、希望觸及什麼樣的受眾和效果而有所不同，因此有無限多種可能。

如果要講最單純的食物造型師工作內容，料理或食譜部份會由美食專家等負責，而食物造型師則是只要針對做好的料理進行造型。但事實上，大多數的案子都從設計食譜、製作料理到食物造型為止全包，比較接近餐飲顧問的工作內容。特別是在非大都會的地區，工作分擔並沒有那麼明確，因此每個人要負責的範圍都會比較廣泛，如果有需要參與飲食相關攝影的工作時，食物造型可說是一項必備的技能。

一般需要掌握的情境包括日常（平日）、宴客（各大節慶）、各種派對、戶外、兒童、女性聚會、和洋混合古典風等。其他例如依照氣氛分成自然田園／現代簡約風格，或者呈現出不同地理區域如亞洲／摩洛哥風格等，這些都是食物造型師應該要有的預備知識。

QUESTION

02

請告訴我攝影的準備過程。

攝影準備步驟

確認料理內容
（什麼樣的料理／料理類型等）
↓
確認食物造型的觀眾以及目的
（目的／目標客群／味覺／
概念的明確化）
做為媒體用途：餐飲店菜單用／食譜照片用／
雜誌書籍用／商品包裝用／
摺頁廣告用／網站用等
↓
如果是照片：確認食物造型後的設計
（設計要素／版面要素／
畫面上的要素等）
↓
檢討造型草案
如有必要，視情況向客戶、室內裝潢設計師、
創意總監、設計師、編輯等確認
↓
攝影前排練（如有必要）
↓
攝影

QUESTION

03

請告訴我除了料理外，若要打造舒服的飲食空間需要從哪些角度去切入。

如果目的是要介紹餐飲店的用餐空間或者是拍攝出吸引人的生活情境照，則呈現時還要考慮包含空間深度、寬度、高度等背景狀況，必須以三維立體空間的角度去思考造型設計。如果用二維平面的思維，雖然也可取巧做出還過得去的圖像，卻無法建構讓人心曠神怡的空間。拍攝時要預留好可拍攝中遠景的空間，並去思考該如何操作呈現氣氛和立體感的光線、出現於背景的牆壁或地板、畫面中被切掉部份的家具等各項造型的要素。

QUESTION

04

攝影現場會分成哪些階段來進行？

首先整個拍攝小組會一起確認當天的流程。待全體流程確認好之後，便開始各自調校設定。依照料理的內容不同，有些必須要算準在快開始拍攝前完成接著搶時間按下快門，因此烹調和攝影的順序也十分重要。設定、光線等都確定好了就可先試拍，接著檢查試拍的畫面、食材狀態以及焦點等項目，如果有必要則進行修正調整，之後再進入正式拍攝。安排流程時要將換佈景或者等待烹調之類的時間也計算進去，將時間抓得鬆一點。

QUESTION

05

請告訴我該如何準備器具及小道具。

因內容、攝影張數、造型的目的、全體預算限制不同，能用的東西也會有所差異，但不管是自掏腰包購買或者是去租借，大多數的情況下，等到接到工作才開始收集都已經為時已晚。就算沒有案子，平時就要實地蒐集可運用於各種主題的器皿、小道具、背景素材等，或者調查一下讓心裡有個底。

舉例來講，若接到雜誌企畫等內頁設計的造型委託，在和總監或設計師討論時無法立即提出和印象相符的器皿等道具，則整個案子進度就會停滯不前。要讓自己成為比總監或設計師更有經驗、知識更豐富，專業能力受到其他人仰賴的食物造型師。

QUESTION

06

請告訴我讓一般家庭的餐桌也可更上一層樓的食物造型要點。

首先季節感是絕對必要的。其他如呈現出高低差、動態、玩心、隨興感等。不要採用正經八百的傳統餐桌佈置，稍微帶點不加修飾的味道及留點餘白的食物造型正是時下的玩興。

雖然也要看造型的目的，有時也可以故意不要完全統一形狀和顏色、採用同系色或霧面質感去統一調性、除了新的物品外，也可試著搭一些骨董或懷舊復古的老物件、或活用布料的皺褶刻意營造出玩心及亮點亦十分有趣。其他請參考「挑選器皿的方法」（14頁）一節的內容。此外，我也非常推薦運用季節植物來裝飾餐桌。

設計超級市場新事業

\ SAMPLE /

MARUI COMMUNITY TABLE

市場所主導的幸福飲食生活推廣計畫。

概念

透過飲食和地方連結，營造地區社群。自市場發源的幸福飲食。

要求

協助在岡山、鳥取二縣展店的超市集團的品牌包裝，瞄準新世代客戶，希望打造不僅止於販賣商品的全新超市型態。

※市場…這裡指和生活緊密相關的店家或賣場。

任務

使既有的販賣「物（物品）」的機制轉型為販賣「事（經驗）」的型態。以地區多元的連結為基礎，將日常生活中各色各樣的意識覺知（awareness）及創意轉換成新商品、企畫、服務、場地、體驗等內容（Content）。

START & GOAL

出發點

只會賣商品的超市不會有未來

隨著消費者飲食習慣的大幅改變，超市的定位與市場情況亦有著顯著的變化。如果只靠價格來競爭是贏不過大型超市和便利超商等對手的。必須掌握地方超市應當在地方扮演的角色，不以短期為目標，而以中長程去思考規畫能經手的內容（Content）。

▼ 思考地方超市與全國規模超市的差異

地方超級市場	全國規模超級市場
● 能取得地方的新鮮食材	● 販售從遠方產地來的蔬菜等商品，鮮度上較有問題
● 可找到地方色彩強烈的商品	● 主要販售全國性品牌的商品
● 商品數量、商品種類等項目比不上大公司	● 傾向選擇符合市場導向的商品
● 市調能力、行銷（宣傳）能力較低	● 運用電視廣告等的行銷能力（宣傳能力）高

目標

連結豐富的生活設計

如果住在非都會區，鄉下質樸且不便的特性經常導致很多人難以察覺當地原有的豐饒。不過，一旦轉換立場，以親手打造自己的生活的觀點來重新審視，便會意外地意識到身邊有著相當豐富的材料。透過能幫助喚起意識覺知的各種共創計畫去重新發掘地方所擁有的可能性，成為支持不分世代不同挑戰者的超級市場。

Check!

▼ 檢查達成項目

- ☑ 是否發揮到地方的特點？
- ☑ 是否有掌握業界面臨的狀況，透過飲食去思考地區的未來？
- ☑ 是否能徹底看透企業主體（超級市場）的特性？
- ☑ 企畫概念是否和企業的經營理念相通，並能永續經營？
- ☑ 專案或活動的內容設計是否能反映到上述要項？

為了「MARUI美食節」所製作,由岡山縣和鳥取縣的生產者所組成的飲食社群攤位的合作商家地圖及食譜(上)。介紹與報告協助地方社會相關共創專案商業化的非營利組織財團法人的入口網站(下)。

Client:MARUI(股)、MARUI Engagement Capital NPO法人、Project Producer:春名久美子(MARUI(股)、MARUI Engagement Capital)、Food & Life Director:赤松陽子(Air.+)、重名麻子(Air.+)、Food Coordinator:清廣亞矢(Air.+)、Photographer:池田理(D-76)、Designer:QULNE、重名麻子(Air.+)、砂田幸代(cifaka)、Web Designer:洲脇孝俊(STAND FOUNDATION)、趙宇森(STAND FOUNDATION)

1

以母企業為動能孕育新價值

將超級市場所培養出的地方資源發現及交流發展成非營利組織活動。以地方超市中最早著手食物教育與地區共創所累積的實績為基礎,去反思接下來的時代超市該提供什麼樣的價值。在日常生活當中,提供地方居民能透過微小的事物而達到覺知並起而行動的契機,讓一成不變的風景逐漸開始改變——傳達全新的價值觀並擴散開來。

2

重視合作與經營基礎

本案的超市長久以來提供了地方居民的生活所需,和行政機關、地方政府、大學等的關係亦很深厚,早已超越了單純食品零售業的範疇。該企業透過和地方合作及產官學合作等多樣化的關係建立起廣泛的經營領域,在企畫時也應該將內部體制和公司風氣納入考量活用這些好的特質。若能打造出和原本的企業一起合作、宣傳的機制,就可以增加企畫的廣度及持久力。

3

製作具體的企畫

具體展示新價值的內容並企畫能喚起地方居民意識覺知的體驗活動。這次的企畫中,加入了以飲食為軸心,學習新價值的「MARUI_生活學院」和以飲食連結地方社群為核心概念的「在地食[25]」等內容(Content)。有很多優良的企畫唯有同時可直接面對地方又熟知大廠的資訊及行銷方式的超市才能找到其間最佳的平衡。

25 日文原文為まち食。

4

讓地方(顧客)對專案有所認知

建立專案和母公司的超市所實施的既有活動和銷售企畫等的連結,確實傳達到顧客端。一直以來只會由公司內部熟食部門經手的便當和熟食等的開發,透過一起合作的模式,創造出和以往不同的全新手法。此外也製作了幫活動增加記憶點的logo及視覺,讓顧客也可藉由視覺來認識、理解新的方針。

5

設計活動

超級市場多方發展和以往型態不同的能力,並推動引導消費者靠自己的力量去設計生活不是一件輕易就可獲得理解的事。也因此,首先要引起顧客的興趣去參加活動,還有不管多小,都要在活動當中製造促使人思考的機會,舉例來說,就算只是簡單地吃個午餐,也要設計成讓人可以體驗到意識覺知的活動。

6

設計溝通交流的方式

不要設計只針對一部份小眾的溝通方式,而要企畫出唯有提供每日生活飲食並已和廣泛消費者建立起連結的市場才能辦到的手法。其他如和地方的小規模商家合作,將設計出的做法傳播出去使其廣為人知,或者掌握那些想獲取資訊的人,針對他們提供更深入的內容等皆是設計專案時的重要要素。

Ziba
Platform

同客戶所經營的共享辦公室兼開放式平台所舉辦的
「MARUI_生活學院」的樣子。（生活學院：請參考
124頁）。

7

(容易陷入的迷思)

不僅限於這次的案例，如果不能夠確實設定獨自的概念去建立新事業，而只是去模仿全國連鎖超市的的行銷手法，那只會淪為二流的全國性品牌銷售政策。此外，實際上若只一味追求提昇營業額或者利潤，是很難去實現和地方一起合作的事業概念的。要抱持著欲速則不達的心態，以中長期的眼光去規畫，並能持續做下去才是最重要的。

8

(由市場去形塑地方)

超級市場是提供生活中不可或缺的「食」這一塊的場所。如果只單純做為販賣食品的地方，那麼超市的存在價值隨著今後的流通環境的變化，很可能會變得越來越小。朝新型態邁進，除了商品外也一併提供生活的智慧和與地區的連結，讓超市變得不僅僅只是消費的地點，而更是有能力孕育生活的場域，如此超市便可肩負起形塑地方的角色。

9

(達成的效果)

從超過十年以前就開始投入食物教育及經手稀有食材等先進做法至今的地方超市，在多年來打下的基礎之上，再提供顧客更上一層樓的生活價值，為地方帶來全新的認知，不僅更加受到地方居民愛戴，亦提昇了其存在感。

專案進行步驟

掌握現狀

掌握問題點

預測消費者需要的東西

驗證是否有提供消費者需要的東西

將不足的內容（Content）抽出整理

檢討提供所需內容
（Content）的方法

檢討與既有事業或嘗試的合作

評估是否可規畫涵蓋
公司內部和外部夥伴
一起投入合作

檢討具體的活動
及商品開發內容

檢討活動及商品開發宣傳用的
視覺設計

進行針對活動及商品開發的
公司內外部協商及企畫

實際執行活動及商品開發

利用社群網站向大眾報告，宣傳投
入內容

驗證、修正內容並延續到下一個計
畫

「MARUI_生活學院」的工作坊所使用的便當雙陸。教材設計融入職涯發展，寓教於樂。
同時亦是思考自己人生的契機。

肩負食生活的市場角色

供應生活的基礎——「食」的超級市場，是各式各樣的人和資訊聚集的地方，可謂是飲食領域中範圍最為寬廣的地方，就算說它是「地方的生活支柱」也不為過。食物賣場紮根地方，提供在當地活動的人營養及活下去所需的糧食，所扮演的角色相當重要。一旦販賣每天每一餐的人的意識有所變化，地方也會跟著改變。市場端必須要認知到自己擁有的廣大影響力，並重新思考自己在地方的任務。

QUESTION
01

請告訴我超級市場在地方所扮演的角色。

不 囿於既有的販賣食品的功能，而應該成為生活在該地居民的指南針。要認識到自己擁有能滿足精緻生活及生活方式設計動能的專業知識與竅門，還擁有所需的關係網，積極地去宣傳新的價值觀。

【 販售商品 】

- 提供食品
- 提供維生必要商品

【 透過飲食進行教育 】

- 食育的場所

【 人與人的連結 】

- 生產者與消費者的橋梁
- 發展地方社群的場所

【 放眼未來 】

- 開拓飲食的未來

QUESTION
02

有哪些東西是地方消費者會想要且具有強烈地方色彩的商品？

例 如這個地方出產的這種蔬菜很好吃、這個地方從以前就喜歡用這種調味料等，有些地方物產已經擁有粉絲也有公認的吸引力，也有很多被埋沒的地方食材是因為太貼近身邊，理所當然成習慣而察覺不到其價值。在企畫時，不僅要做出商品，還要一併提出可充分發揮地方食材魅力的美味吃法，目標為創造出能展現地方豐饒的場域。

- 全國連鎖店及超商等沒有賣的商品
- 地方生產者的商品
- 地方產蔬菜、水果
- 加工食品（農產、海產等）
- 地方產調味料（醬油、味噌、醋等）

QUESTION

03

請告訴我地方超級市場要發展自有
品牌時應考慮的事項。

要 注意不要炒其他品牌已經做過的冷飯。
超市不是超商，就算在賣場架上放了和
全國性品牌相去無幾的替代商品，也不會有人
感興趣。要去思考唯有地方可以實現的搭配或
佈局、以及打中客人需求的手法。目標不是和
大廠一樣只看銷售數字及利益，必須要有明確
的品牌精神，知道自己希望透過開發新商品和
品牌想傳達的內容才行。

QUESTION

04

地方超市或商店在設計以地方消費
者為目標的原創商品時應注意哪些
要點？

首 先視覺圖像上必須要和全國性品牌或者
已經在流通的商品做出區隔。必須要有
意識地去改變設計。設計時不僅要追求視覺上
的衝擊，還要從賣場獨特的觀點做出看起來很
實在、有料、「感覺好好吃」的商品，並且要
一眼就可讓人感到其特殊的創新性。除了商品
本身的包裝外，還要一併去思考在賣場的陳列
方式，以及如何將統一設計出的形象反映到宣
傳上。

QUESTION

05

請告訴我賣場該如何和消費者「設
計飲食與生活」的意識接軌。

舉 些簡單的例子，如在海鮮區的秋刀魚一
旁陳列白蘿蔔和德島酸橘等配料的食材
以幫助客人「設計餐桌」，或者在咖哩塊旁邊
擺放貨真價實的香辛料以促進菜色升級等方式
都算數。要去思考能提昇「顧客滿意度」的做
法，就算不一定可以立刻反映在業績上。

如果只把賣場視為販賣食品的場所，很容易只
執著於賣場單位面積銷售額等指標。要將眼光
放遠到數周之後的促銷，在實施花費心力和宣
傳費用的策略或方針後，自然可孕育出讓飲食
更豐富的契機。

QUESTION

06

請告訴我超級市場或商店在企畫體
驗型活動時應有的思維。

就 算是體驗型的活動，也必須確實融入想
透過活動去傳達的理念價值。如果概念
太薄弱，那舉辦活動的意義也不大。

第一個重點就是必須要和為了新商品宣傳等所
舉行的促銷活動做出區隔。→如果目標為探求
飲食的意義，除了設計活動體驗之外，還要確
保企畫內容可讓人透過活動體驗反思更深一層
的意義。例如若企畫了烹飪教室形式的工作坊，
除了要讓參加者學會製作指定菜色，更要進一
步在學習做菜過程中加入能為生活注入新價值
觀的設計巧思。

\ SAMPLE /

torte
hair
一周年

設計人與人連繫的
絕佳機會。

概念

在即將來到的一周年紀念，呈現出感謝之情及接續全新溝通方式的派對食物

任務

設計能呈現經營者的世界觀，對蒞臨參加的賓客傳達感謝及「今後也請多關照」之意的外燴。

要求

在累積十幾年的經驗之後，和家人一起返鄉，將祖父母曾住過的老民宅改裝成美容院重新開張。希望針對美容院的一周年紀念派對設計外燴。

START & GOAL

出發點 ＞ 想要傳達何種心意

一周年紀念只是舉辦聚餐一點意思也沒有。外燴既不是外帶更不是外送服務，而是設計和重要的人一起度過快樂用餐時間的工作。因此必須要仔細聽取主辦者的想法，知道想傳達的心意內容，除此之外，如何去傳達、以何種形式去具體呈現，將想法化為實踐的能力也至關緊要。

目標 ＞ 呈現款待之心

活用重新裝潢過的老民宅場域，加入地方收穫的當季食材及鄉土料理的要素去設計菜單和酒單內容。除此之外，還包括擺盤、菜單標示、花藝設計、使用器皿等整體的設計搭配，去具象化客戶想表達的款待之心。

專案進行步驟

目的明確化
▼
掌握參加人士的概要及人數
▼
整理預算及其他各項條件
▼
決定舉行時間及場所
▼
針對主題及飲食概念提出提案
▼
提出預算(估價)
▼
決定主題及概念
▼
決定菜單
▼
決定造型
▼
採購各項材料
▼
製作菜單標示
▼
外燴準備
▼
當天會場佈置
▼
撤場

「torte hair」1周年紀念派對的外燴。活用老民宅改裝而成空間的菜單。

Client：torte hair、Food & Life Director：赤松陽子（Air.+）、Food Coordinator：清廣亞矢（Air.+）、Photographer：池田理（D-76）、Designer：重名麻子（Air.+）

1

設計主題及飲食概念

先掌握派對的目的和對象,再去思考該如何呈現才能達到最有效的招待內容。在落實到視覺設計之前要訂立好主題和飲食的核心概念,並要把握參加者是僅限大人還是也會有兒童、舉辦時間是白天還是晚上等諸多條件,再去檢討符合各項目的要素和主題的調配。

2

明確訂立服務範圍及收支計畫

視是要根據每個客戶去提供量身訂做的外燴服務還是要讓顧客從內容差不多已經固定的方案當中選擇,以及派對當天服務的範圍包括哪些項目,費用亦會大為不同。事前一定要搭配預算確認清楚服務內容,看是到擺台為止或是涵蓋派對進行中的服務項目。

3

設計菜單內容

外燴的目的不僅止於提供能果腹的餐食。設計菜單內容亦是相當重要的要素。重點為實現「視之樂、食之樂、知之樂」的菜單內容設計。一邊想像參加來賓的組成及空間的感覺,一邊在腦海中浮現在地當季的食材,看是要生吃蒸烤還是油炸……,考慮各項要素再去搭配各式各樣的烹調方法。

4

外燴才能實現的食物造型

食物造型能將料理和空間的潛力發揮到極致,是外燴設計中最有看頭的地方。個別菜色的食物造型雖然也很重要,但最重要的還是要營造讓來賓一進入會場目光就會被吸引的「機關」。藉由打造一個很上相可讓大家拍照的角落,讓派對的氣氛一下子就熱了起來。如果只做一些瑣碎的擺設是無法驚艷全場的,要以料理為中心營造出獨特的場域。

5

容易陷入的迷思

受成本預算限制的菜單架構、沒有地方及當季食材的菜單、隨處可見的菜色、毫無看頭平淡無奇的擺盤……如果不能融入讓客人開心的要素,那不過就只能稱得上是單純的外送或者外帶服務。另一方面,也要避免料理的呈現方式太過藝術性。必須試著去重新思索構成美味的要素。

6

外燴的功能及效果

外燴很重要的功能就是要用餐食來滿足人心。透過提供讓人享受吃飯的設計巧思和空間,創造出美妙的時光,讓參加的人、聽聞派對情況的人、主辦人都能感到幸福。進一步追求豐富的飲食也帶領了專案走向成功一途。

運用備前燒器皿及木盒的統一造型設計及附在料理旁的菜單標示設計。

ーニと
シュルームの
ープ

Torte hair 1st Anniversary
-Thanks party-
2018.07.22
otona menu
炙り鱧と
焼とうもろこし
Food direction by air.+inc

Torte hair 1st Anniversary
-Thanks party-
2018.07.22
otona menu
蒜山
ラッテバンビーノ
チーズ４種
Food direction by air.+inc

Torte hair 1st Anniversary
-Thanks party-
2018.07.22
otona menu
チキンと
夏野菜サブジ
Food direction by air.+inc

ィー
BOX

Torte hair 1st Anniversary
-Thanks party-
2018.07.22
otona menu
冷たいトマトの
おそうめん
Food direction by air.+inc

すいかのジュレ
Torte hair 1st Anniversary
-Thanks party-
2018.07.22
otona menu
Food direction by air.+inc

Torte hair 1st Anniversary
-Thanks party-
2018.07.22
kodomo menu
カラフル
お野菜マリネ
Food direction by air.+inc

か
リーチキン

Torte hair 1st Anniversary
-Thanks party-
2018.07.22
kodomo menu
チーズスパニッシュ
オムレツ

Torte hair 1st Anniversary
-Thanks party-
2018.07.22
kodomo menu
とうもろこしごはんの
おにぎり

Torte hair 1st Anniversary
-Thanks party-
2018.07.22
kodomo menu
フルーツポンチ

設計外燴
設計人與人連繫的絕佳機會

\ SAMPLE /

domaine
tetta

概念
「集結岡山縣的山珍海味以tetta為核心擴散出去」

要求
希望委託設計、企畫酒莊設施開張時，針對相關人士初次亮相的開幕酒會的迎賓桌。

任務
備受期待的酒莊開幕酒會。希望向自全國各地趕來的客人傳達酒莊的優點，提高今後對酒莊的期待，設計出「視之樂、食之樂、知之樂」的餐桌。

START & GOAL

出發點
呈現和人的連結以及新的開始
開幕酒會是為了向支持酒莊的各界人士傳達感謝之情而舉行。派對當天首先「迎賓桌」必須要發揮迎接客人的功能，餐桌設計的目標是要讓人感受到位於山上的酒莊和葡萄園的美妙。

目標
激發期待感與支持的意願
企畫內容必須要提出能促進大家對新開張酒莊所釀葡萄酒期待的料理及餐食。對風土（Terroir）的期待、對優良葡萄的期待、對葡萄酒如何融合周邊地區的飲食拓展受眾的期待……要設計出能夠將各種期待轉化為支持的餐食呈現。

POINTS

1
設計主題及飲食概念
為了實現將期待轉化為支持的餐桌，第一個需要的就是能直接傳達土地優點的菜單內容，運用地方食材搭配葡萄酒，力求架構簡單。接著在視覺呈現上，使用了天然的素材去搭配餐桌設計，打造出和細膩充滿都會元素大相逕庭的風格。

2
讓吃變得有趣的創意
位於豐饒的大自然之中的酒莊和葡萄園，其石灰質的土壤能夠孕育出優質的葡萄，精心安排各項細節，讓客人透過吃感受到大地的恩賜。擺設運用了從建築周遭採得的石灰岩、葡萄葉、未切過的整塊馬背起司[26]或Majiyakuri起司[27]、牡蠣殼去營造出讓人可用手直接抓著吃、狂野不羈的氣氛。

26 Caciocavallo，來自義大利南部用羊奶或牛奶製成的起司。
27 岡山縣吉田牧場所生產的起司，Majiyakuri之名來自牧場一帶的古地名。

Welcome Okayama Appetizer table
- tetta から広がりつながる岡山のめぐみ -

domaine
tetta

1. domaine **tetta** ／ 安芸クイーン・ニューピオーネ

ワイン用のぶどうはもちろん、tetta では「安芸クイーン」
「ニューピオーネ」の2種の生食用のぶどうも栽培しています。

使用メニュー：ぶどうの饗演 ／ tetta の手摘み干しぶどうのカンパーニュ

2. 哲西 郷趣膳 水上 ／ いのしし肉

「哲西 郷趣膳 水上」さんのいのししは程よく脂がのり、全く
臭みがない本来の美味しさを味わえます。

使用メニュー：新見産いのししと野菜の米粉団子汁

3. 玉島の白桃 ／ 恵白

倉敷・玉島で栽培されている、高糖度で大玉の高級白桃。
程よい歯ごたえと、しっかりとした甘みが特徴です。

使用メニュー：岡山白桃コンポートのブルーチーズソース

4. ミツクラ農林 ／ マッシュルーム

牛窓にある、マッシュルームの日本一の生産量を誇るミツクラ農林。
ひとつひとつ丁寧に摘み取られる、安心安全なマッシュルームは
フレッシュでぞ。

使用メニュー：ベビーマッシュのフレッシュスライス
／ レモンコンフィ・いかすみ入りペースト

5. 虫明の牡蠣 ／ 牡蠣

森の栄養素が虫明湾に流れ込み、良質なプランクトンを餌に育つ
虫明牡蠣はコクのある濃厚な味わいが特徴。

使用メニュー：岡山 虫明産牡蠣のアヒージョ

6. ルーラルカプリ農場 ／ フロマージュブラン

自然豊かな農場でヤギのミルク100%のチーズやヨーグルトを作っています。
人懐っこい山羊と人とのふれあいも大切にするため、いつでも農場を開放。

使用メニュー：岡山4大チーズ盛り（フロマージュブラン）

7. 吉田牧場 ／ カチョカバロ・マジャクリ・カマンベール

吉備中央町でブラウンスイス牛を放牧し、牛の世話からチーズ作りまで
行っています。日本のみならず、世界も認めるチーズです。

使用メニュー：岡山4大チーズ盛り（カチョカバロ・マジャクリ・カマンベール）

8. イルリコッターロ ／ リコッタチーズ

蒜山の美しい森に囲まれたチーズ農場。自家牧場で育った羊と山羊、
牛から絞ったミルクで作るリコッタチーズが自慢。

使用メニュー：岡山4大チーズ盛り（リコッタチーズ）

9. 蒜山ラッテバンビーノ ／ マーブルチェダー・ブルーチーズ

えさの牧草から生産するほど、酪農に力を入れているラッテバンビーノ。
蒜山高原でのびのび育つジャージー牛のミルクからできる
風味豊かなチーズが自慢。

使用メニュー：岡山4大チーズ盛り（マーブルチェダー・ブルーチーズ）
／ 岡山白桃コンポートのブルーチーズソース

10. 新見の野菜と味噌 ／ トマト・ごぼう・ねぎ・生姜・大野部みそ

新見で取れた新鮮野菜。トマトは昼夜の寒暖差を生かし、甘みと酸味が
取れたバランス良い味わい。大野部みそは新見の女性グループ大野部みそ
生産組合が作る愛情たっぷりのお味噌。

使用メニュー：新見産炙り桃太郎トマト／新見産ミニトマトのセミドライオイル漬け
／新見産いのししと野菜の米粉団子汁

「domaine tetta」開幕酒會的外燴。附有野趣的餐桌呈現及介紹食材和產地的說明文。

Client：tetta（股）、Food & Life Director：赤松陽子（Air.+）、Photographer：井上
陽子、Designer：重名麻子（Air.+）Client：TETTA（股）、Food & Life Director：赤松
陽子（Air.+）、Photographer：井上陽子、Designer：重名麻子（Air.+）

設計外燴
設計人與人連繫的絕佳機會

由我所率領的「Air.+」10周年紀念派對的餐飲設計。
以「Thanksgiving」為核心概念，招待平日受到他們諸多照顧
的客戶、生產者、餐飲業相關人士，當然食材也要匯聚一堂。

Food & Life Director：赤松陽子（Air.+）、Photographer：池田理
（D-76）、Designer：洲脇孝俊（STAND FOUNDATION）

飲食活動的設計方法

活動就是一種「體驗」。不是單純的「吃飯」，而是要讓人「體驗吃的樂趣」的場域。參加者造訪活動的目的並不只是為了要滿足口腹之慾，同時也期待能獲得心靈與知性的饜足。因此我鼓勵大家跨越業種與領域的藩籬，和地方跨界合作，實現讓人期待萬分的活動，集結眾人之力一齊打造滿足心靈、身體、頭腦的精彩時光吧。

QUESTION 01

地方舉行的飲食活動有哪些種類呢？

有 由個人或者特定企業或店家團體所舉辦的活動；也有聯合數個主辦單位一起合作的活動；有從可隨性路過試吃的小型烹調活動到像市集一樣的大型活動，活動種類可說是各色各樣。如果再加上和花藝設計等和餐飲業性質很搭的異業結合活動，和飲食有關的活動每天在各地都在發生。

具體來說可以分成使用當地收種的物產或地方製造的食品等的烹飪教室型工作坊、與餐飲店合作連結生產者與消費者的小酒館（立食）美食活動、美容院或成衣業等平常不提供餐食業種的周年紀念活動、地方出產的葡萄酒或日本酒的產品發表派對、在販賣食材的店面邀請專業廚師或美食專家來販售料理之類較輕鬆的快閃活動等。

雖說設計外燴也是一門很深奧的學問，如果要在地方舉辦餐食相關的活動，一定要善加企畫，確保舉辦的活動本身是有意義的。

QUESTION 02

請告訴我規畫飲食相關活動時從計畫到實施為止的流程。

舉辦活動的流程

確立活動是
為了什麼和為了誰而舉行的
↓
暫時訂定場地和日期
↓
檢討為了達成目標該和誰一起合作舉辦活動
↓
向講師或參展店家等發出邀請
↓
確定場地和日期
↓
檢討活動的呈現方式
（活動概念、菜單、價格區間、視覺呈現等）
↓
開始宣傳
↓
針對各部份進行最終調整
↓
進行舉辦活動的準備
↓
當天舉行活動
↓
報告活動情形
（利用社群網站等報告活動訪客組成、集客情況、會場花絮及成功建立起哪些連結等成果）

決定活動舉行地點時要注意哪些要素？

活動的會場非常重要。會場的空間要能夠呈現活動希望傳達的概念及內容，更重要的是要讓人願意去。因此必須要選擇夠吸引人讓人願意特地前往的舉行地點。只考慮交通易達性及空間的運用方便也不行，該空間是否能幫助加深參觀者對活動的概念及飲食的理解也是很關鍵的要素。選擇會場時務必要慎重行事。

要使用什麼樣的工具和媒體來集客？

要根據活動規模及目的去選用適合的工具。如果是誰都能參加的活動就可以利用以社群網站等網站為代表一次可觸及多數人的方法。若是特定公司或店家的活動，可以發送電子郵件或邀請函去敬邀參觀。近來各地經常同時有很多各式各樣的活動在舉行，因此各活動都在互相爭奪來客數。宣傳時除了活動的內容之外，舉行時間及集客開始時期、活動公布方式等都會影響到參加情形，要特別留心。

有哪些呈現或者合作是只有活動才辦得到？

活動的精髓之處在於能吃到平常吃不到的料理、買到食材、可和參加店家和生產者交流等新的體驗。因此企畫時要著重在創造唯有當天才能體驗到的特殊體驗。透過活動產生的良好體驗會轉化成為地方的價值。

由餐飲店所主辦的活動，大多會針對活動推出有別於一般營業時所設定利潤的菜單或商品。除此之外，參展店家彼此的合作活動等也可成為活動的吸睛亮點。雖然說不可以虧錢，但如果能乾脆地定位為宣傳活動去設計一些活動限定的菜單等巧思更可炒熱場內氣氛讓參加者盡歡。只會斤斤計較的話活動是不會成功的。

如何將活動成果或參加者的評價引導到未舉辦活動時店家或地方的活性化？

透過活動所散播的有趣體驗或與人的連結得來不易，是相當貴重的資產。活動所誘發的各種滿足感如「吃到了特別又好吃的東西」、「還好有特地來一趟」、「平常也來試試看這項食材吧」、「下次去試試看這家店吧」等可以帶來下次消費的動機。

最近社群網站等的擴散效果也很大，好吃的體驗可轉化為優良的風評。和生產者或老闆互動，進而加深對食材或料理的知識也是可讓「美味」升級的一種樂趣。「連結」和「廣度」是增進飲食樂趣的重大要素。當越來越多人想要和別人分享吃的喜悅，地方餐食的價值和活躍的場域也會隨之擴大。

設計飲食與生活的
學校

備前_生活
學院

培育能發揮出地方潛力的
人才。

概念
以「人與食的羈絆」為主題學習地方的資源
及設計自己的生活的實驗性質的社會學校

任務
目標是育成能發現當地（岡山縣備前市）的
問題及找出解決方法的人才。協助配對在地
方深耕活躍的經營者或人脈，持續地培育結
合地緣關係的「人」。

要求
希望能以紮根地方的「人」的養成為目標去
企畫、經營備前故鄉創生學院。

出發點

關鍵在於「人」的養成

地方創生的關鍵以「人」為中心，在當
地培育「人」，養成的「人」再去創造
「工作」及「城市」，如何去打造出這
樣的循環正是重點。必須要破除鄉下的
生活不利於商業等刻板印象，去育成能
創造地方未來的人才。

▼ 備前市擁有許多優點

◎ 瀨戶內海和群山圍繞的豐富自然環境

◎ 海產和山產豐富

◎ 存在許多有價值的歷史及文化

◎ 受閑谷學校[28]的風氣影響，教育的基礎堅
實，適合養育下一代

◎ 位於山陽地區及關西地區的交接處

目標

將整個地區化為學校

強調備前市所擁有的歷史與文化價值，讓居
住在當地肩負地區未來的年輕世代及外來的
年輕經營者等人才發掘可活用於自己的生活
或事業的資源，培養他們對地方的驕傲及感
情，催化「想靠自己創造出能活化地方的新
工作」的創業家精神。去設立、經營能達到
以上目的的學院。

28 江戶時代岡山藩主池田光政於西元1670年所創建，發展平民教育
的學校。

▼ 檢查達成項目

Check!

☑ 是否有活用地方的人力資源？

☑ 是否有建立好營運的基礎？

☑ 課程安排是否能幫助學員找到「理想的
自己」、「想成為的自己」？

☑ 手冊及宣傳工具是否能展現出學院的魅
力？

☑ 課程內容是否能讓學員體驗到設計生活
的樂趣？

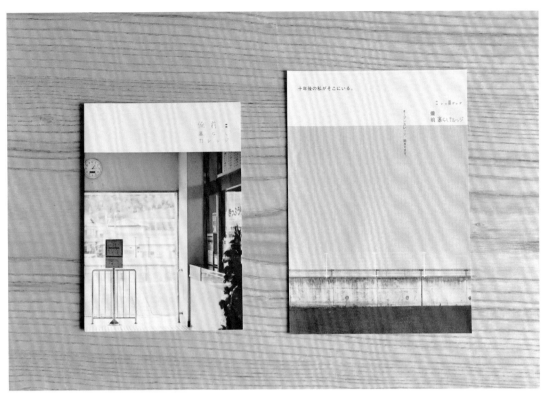

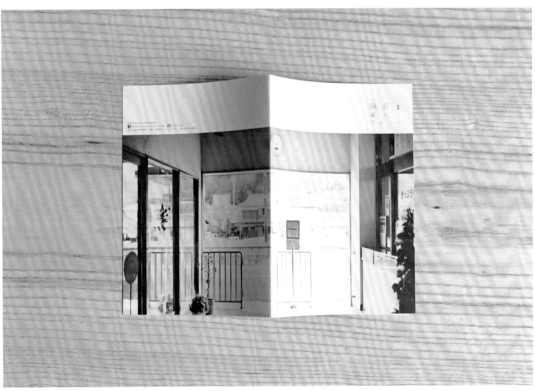

「備前_生活學院」的傳單和手冊。

Client：備前市教育委員會、Food & Life Director：赤松陽子（Air.+）、
重名麻子（Air.+）、Photographer：池田理（D-76）、Designer：砂田
幸代（cifaka）、古戎千夏（listen design）、Web Designer：洲脇孝俊
（STAND FOUNDATION）

1
活用地方人力資源

學校的目標為培育出能發揮地方潛力的人才。正因該地自然豐饒，歷史悠久，更該好好活用地區所孕育出的人力資源。藉由親身聽取不是都會區而是實際在地方創造出有吸引力的事業或者推行運動的創業前輩的分享，學員會更容易想像自己的未來，也可將地區的未來當作自己的事來看待而非事不關己。

2
建立經營基礎

為了在不遠的將來能實際促進創業及移住，不要淪為紙上談兵，首先必須要紮實地打好經營基礎。結合軟體（人力資源）與硬體（機制與法令等），讓學員能更具體地去規畫未來，建構經營骨幹的雛型。此外，還要一併考慮與經濟活動或地方活動的連動及與行政機關的合作。

3
設計課程

設計課程時要清楚定位學校在職涯發展所扮演的角色。讓學員重新省視自己的性格、經驗、願望，去描繪出自己想在學院學習的內容及想採取的行動的藍圖。學習備前和「食」相關的歷史、工藝、產業、自然以及各種補助金和制度等知識，培養具體規畫創業計畫以及生活的能力。提供幫助學員找到「理想的自己」、「想成為的自己」的課程內容。

4
宣傳學校的工具

創校時可製作手冊、傳單、海報、或宣傳影片等工具。目標是用視覺去表達無形的學院形象，做出能吸引創意人才興趣的工具，內容要善用留白的技巧或帶一點玩心的要素更恰到好處。此外，學院的招生性質不分男女，因此另一個重點是設計要中性以促進整體報名意願。

5
設計授課內容

學院希望培養出針對工作及生活的設計力。實際授課邀請能體現飲食與生活設計的講師登台，去呈現包括各地區的文化要素，所使用的教材及餐食等也必須融入設計的要素。促使學員透過學院的學習去體驗不僅視覺還有其他各式各樣的設計能量，進一步察覺設計的重要以及樂趣。

6
更新視角與價值觀

授課的一方要去傳達在設計工作及人生時該重視什麼要素以及對自己而言該做法的價值究竟為何。聽講的一方則藉由學習各個講師充滿個人特色的工作風格及生活風格，去思考如何設計出有自己風格人生的方法，預留能客觀審視「自我」的時間，再發揮於自己的行動及「想怎麼活」的結論上。

手冊內頁及網站。絕妙的設計充分展現了職涯發展的實用
面以及對將來的想像。

7

(容易陷入的迷思)

若是按照以往的課程設計，常常只會教「事業計畫的寫法」、「收支計畫表的寫法」等或者僅止於單純介紹案例讓大家去剪貼複製其他人的成功經驗，最終不過只能讓學員覺得好像有學到東西而已。課程的設計必須要促使學員更進一步去深度探索自我，去設計以能發揮出自己本質的獨特方式和社會建立連結，同時幫助他們具備實際執行的能力才行。

8

(和行政機關合作時的重點)

和行政機關一起合作時，特別需要訂立清楚的任務和目標。雖然做企業的專案也是一樣，但有很多和政府相關的計畫會要求訂立更加明確的目標。也因此事前準備和來回溝通的次數也會較多，也有些內容一旦決定後就無法變更。將專案「可視化」分享給整個團隊以及打穩經營基礎非常重要。

9

(達成的效果)

備前_生活學院創校的主題為「人與食的羈絆」，在這裡可以學習地方的資源，並培育可結合工作與生活的創意點子。雖然不過只實施了數年，但學員中不僅已實際誕生了多名創業家，其他在參加學院以前不知道該如何創業或策畫具體戰略的學員亦以創業為目標持續邁進。學員之間也建立起了連絡網，今後的發展指日可待。

專案進行步驟

掌握及理清任務

掌握地區的現狀、問題點及特色

掌握地方的人力資源

打造能發揮地方特色
及活用人力資源的組織

製作能達成任務的
課程設計草案

選定講師及發出邀請

製作招生宣傳材料

招生

課程開始

公開授課內容等活動狀況
（運用社群網站等）

針對各課程實施問卷調查

針對個別學員進行追蹤

回顧全部課程

總結及報告活動狀況

邀請以備前為中心活躍的經營者及
創作者做為講師的開放式課程及本
校實景。

129

十年後の私がそこにいる。

オープンカレッジ、始まります。

| 2017年 オープンカレッジ日程 |

1月21日（土曜日）13:00 - 17:00
2月 8日（水曜日）10:10 - 14:00
3月 5日（日曜日）18:00 - 20:30

備前 暮らしカレッジ

十年後の私がそこにいる。

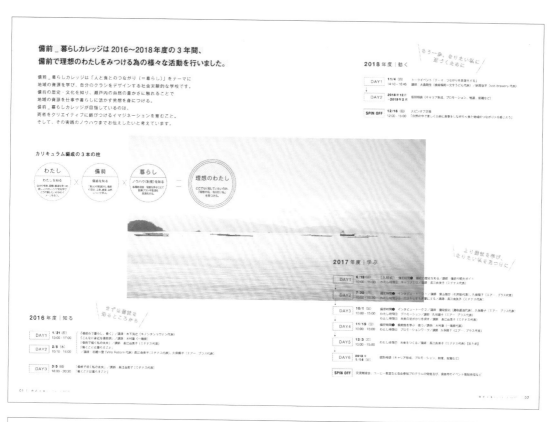

訴諸感性的海報與影片（左）、介紹實績展望未來的三年間活動報告手冊（右）

設計師與總監所扮演的角色

ADVICE

讀到這裡各位讀者應該已經都明白「食」包含了各種不同的要素，很難只用「食的設計」一概去說明，換成「品牌設計」一詞亦無法完全完全涵蓋內容。只設計Logo、包裝、網站稱不上是品牌設計，充其量只能說是行銷宣傳的設計罷了。必須要透過掌握了食的本質去設計「事物」以及規畫全新的「價值」才能體會到創造豐富生活的「食的設計」的真正精妙之處。

QUESTION

01

請告訴我有哪些工作可從事餐飲設計。

所 有列出的項目都是專門的工作，但在都市以外的地區也常做為副業。餐飲設計所要求的人才必須具有將眾多分散的要素串聯起來的能力。也可以由生產、製造、或者店家發起企畫或設計。不要拘泥於職稱，要擁有自己工作的意義和目的，對被歸類於自己專業之外的現象也要多加注意廣泛吸收。

- 餐飲設計顧問／餐飲指導總監／餐飲策畫顧問
- 美食專家／專業廚師
- 陶藝家／產品設計師／建築師／室內裝潢設計師
- 攝影師／視覺平面設計師／插畫家／網頁設計師／廣告文案／美術總監／創意總監　等

QUESTION

02

飲食相關工作實際上可以拆解成哪些角色呢？

拆 解之後可將迄今所介紹的各案例當中所負責的設計範圍看得更清楚。不同的專案內容有著不同的要求和任務，要思考要擔任哪個角色還有究竟要負責到哪些範圍。

- 品牌戰略
- 確立品牌概念
- 店鋪策畫
- 室內裝潢設計
- 食譜開發
- 文案（採訪）
- 料理攝影
- 商品開發
- 視覺設計
- 宣傳企畫
- 創業諮商　等

要學習哪些技能才能做出好的餐飲
設計？

餐飲設計的工作如前項所示，是由各種要
素組合而成，內容相當多樣化。我自己
原本也不是飲食方面的專家，但憑著在建築領
域所累積的經驗為基礎，也成功地打造出連結
飲食與生活的設計。正因為現在這個時代所追
求的是跨領域的設計，為了做出好的餐飲設計，
不僅要學習飲食相關的知識，也必須要廣泛地
汲取其他領域的知識才行。

請告訴我為了成為連結人與地方的
飲食專家所需要的思考方式。

如前所述，如果只侷限於「食」的部份的
興趣和知識，是很難去串聯各式各樣的
要素的。有很多情況下必須將和飲食及生活相
關的各種文化及時代的潮流、地方的問題點及
今後日本與世界的飲食走向一併納入考量，因
此也必須具備政治和時事問題等知識。如何去
運用這些知識和自己的想法及見識將會影響到
一個人是否對飲食有更好的掌握度。

請告訴我如何組成為了達成有意義
的任務所需要的團隊。

組合各色各樣飲食與生活的要素的專案需
要各個專業領域專家的力量。每個專案
的內容都會有所不同，因此需要一個能在各種
不同場合都能發揮能力的團隊。雖說有很多眉
眉角角不實際組隊是不會知道的，但平日就要
認識值得信賴的專家並建立良好的關係。

舉例來說，這次在市內設立「飲食與生活的學
校」的案子當中，我們公司自己的團隊負責專
案的企畫、設計、經營部份，以此為中心，再
加上擅長宣傳呈現的文案、很會拍攝感性照片
的攝影師、處理教育相關視覺呈現的平面圖像
設計師等打造出整個團隊。

做為為專案貢獻己力的外部人員，
有哪些應該要注意的地方？

雖是老生常談，但被動的工作態度是無法
做出好成果的。這個原則不管什麼樣的
專案都通用。就算是設計印刷物這種老套的工
作也一樣。當然，執行專案時會邊聽取客戶的
意見和要求邊進行，但身為具象化的專家，必
須要能提出專業的創意，塑造出吸引人的具體
成果才行。

提案時只是千篇一律機械式地去回應客戶，讓
人感受不到深度的想法是行不通的。要針對客
戶沒有注意到的地方提出提案，甚至可以稍微
雞婆點也沒關係。此外，也千萬不要忘記對客
戶來說可能是理所當然的「食（＝生命）」所
擁有的意義和價值。

如何去找到能發揮不同領域的特長一起搭配的專家或夥伴並建立合作關係？

是 否能組成有力的隊伍取決於彼此是否為對設計的想法方向一致的人、公司，以及是否擁有讓彼此尊敬的部份。至今我所經手過的專案中，必定會和有著同樣方向的人們在某處有著連結。因為有著共通的興趣，常會出席同樣的場合，最近也常從個人的社群網站發文等找到共通點。

請告訴我要如何才能找到和行政機關或地方團體合作的機會。

行 政機關或地方團體常會以募集提案或者比稿形式徵求各式各樣的專案設計、企畫及經營的接案方。有些比稿會直接指名比稿參加者，為了獲得指名，必須要讓機關團體找到你的活動和實績。設計的圈子很封閉，和飲食相關的工作也都大多被細分過，如果工作的內容無法被外人所知，可能會很難找到合作對象。可靠著自己向外宣傳去製造出讓機關團體希望仰仗你專業能力的機會。

有了餐飲設計之助，地方會如何改變？

「食」 是食衣住行中和我們最接近，也是為了要活下去的重大要素。在這一塊注入設計的力量也意味著能發揮出相當大的影響力。設計擁有能改變價值的傳達方式以及「食」本身提供方式的力量。

運用設計的力量使人重新審視在當地太過理所當然因此被忽視的「食」以及在消費社會中逐漸被消滅的飲食文化並加以傳播，不僅可喚起外面的人的訴求，也可發掘住在當地居民的全新訴求要素。促使大家發現關於食的「這個部份」可以讓「這個地區」變得更加豐富也是設計之功。

設計師或策畫總監在餐飲設計中所扮演的是什麼樣的角色？

設 計師的任務便是將應透過食去傳達的本質部份視覺（可視）化。因著近年飲食的多樣化，這個角色將會越來越吃重，設計師必須挑起呈現核心概念的重責大任。

以往的主流重視外觀設計，以製作好商品後再去委託包裝設計師設計包裝或平面設計師等專案居多。接下來設計則必須更加深入，要以傳達該飲食的好處以及正當性為優先。因此今後所需要的設計師或策畫總監必須要能發掘出飲食本質的魅力。

請告訴我在委託設計或整體規畫時
要注意的地方。

請告訴我在委託視覺設計時要注意
的地方。

首 先要捨棄只要請了顧問或設計總監就沒
問題,設計師會幫你弄到好這種要不得
的思維。別人怎麼可能幫你設計自己的事業呢。
拿店面來說,去實現規畫或整體搭配的原創設
計是經營方的任務。如果連每天的營運執行內
容都要別人幫你想,那不過是單純的連鎖加盟
店。千萬不要搞錯彼此的角色任務及定位。

不 要把設計師、規畫顧問或指導總監當成
算命師。如果案主自己思慮淺薄也沒什
麼概念,其他人是無法幫忙設計或者規畫的。
首先最低限度要能用言語清楚地表達出自己的
概念。此外也可以蒐集想參考的店家、自己的
想法以及相似的商品或企畫的圖像給設計師看。
有些光靠自己無法表達完整的想法和情感,交
給專家去理解並加以梳理,再以前所未有的視
覺設計去呈現。

有哪些案子不能接?

請告訴我能幫助專案成功的要素。

Q 11及12中所提到,沒有自己的想法只
一味想靠別人,認為只要出錢別人就
會幫你做到好的這種委託案成功機率很低,所
以不可以接。

具體來說,這些委託不在乎飲食的重要性及本
質,沒有中心思想,認為飲食不過是商業的工
具,也就是「把食物當成食物」的案件。身為
專業人士,一旦接案就必須要做出有意義的專
案,因此像這種沒有成功希望的案子是不能接
的。雖說很多人難以置信,但也有對吃一點興
趣都沒有的案主。

雖 然這樣講有點抽象,但一個成功的專案,
必須要是「相關人士投入很深情感的專
案」才行。到頭來專案負責人還是委託的案主,
不是接案的這一方。背後的理由如果只有「想
要提升收益」或「想提升銷售量」是絕對不會
成功的。在選擇很多的這個時代,客人或者用
戶非常清楚究竟什麼才對自己有益,什麼才有
花錢的價值。今後飲食相關專案的成功要素必
須要立足於「透過食想讓誰去如何感受到喜
悅」或「如何去傳達食的樂趣」等原創性的信
念之上,這在將來會越來越重要。

OTHER WORKS

食的設計根據每塊土地每個人的想法不同，
有非常多種呈現的可能。

此章稍微介紹一下幾個礙於本書篇幅
無法收錄解說的其他案例。

Air.+ 是如同空氣一樣的存在，
為生活中每天的「食」之樂追加更多創意。

air.+
Food is life

To eat means to live.
If you enjoy eating,
your life would be more fun.

季·節·圖·鑑²⁹

來自身兼花藝師和婚禮設計師的
Mushikeamaki³⁰的發想，透過
「季節」去傳達花、植物、食物和
生活的手冊。擷取了心靈富足生活
中美麗的定格一景，展現對日常的
熱愛。

Client：atelier piece、Food & Life Director：
赤松陽子（Air.+）、Photographer：井上陽子、
Flower Designer：虫明真紀（atelier piece）、
Designer：warisasi

29 日文原作キセツノズカン。
30 日文原文作ムシアケマキ。

岡山高島屋
空中啤酒庭園

長年來夏天固定開放的百貨公司空中啤酒庭園改裝時的生活及餐飲企畫總監製。負責白天是咖啡廳,夜晚以啤酒庭園形式營業的全新型態啤酒庭園的餐飲設計。

Client:兩備Holdings(股)、Food & Life Director:赤松陽子(Air.+)、Photographer:池田理(D-76)、Designer:古戎千夏(listen design)、重名麻子(Air.+)

FISHMAN

以平價紅酒小酒館形式經營的居酒屋更換新菜單時的生活及餐飲企畫總監製。以南義風情為靈感，打造豪放又熱鬧的菜單視覺設計。

Client：REN（股）　概念、Food & Life Director：赤松陽子（Air.+）、
Photographer：池田理（D-76）、Designer：重名麻子（Air.+）

岡山壽司好食 [31]

近年來不敵迴轉壽司的壽司店同業組織所發行的會員店家介紹手冊的監製。不單純只介紹店家，還一併介紹地方當季的魚及節慶食品等，做成一本讓人捨不得丟棄的手冊。

Client：岡山縣壽司商生活衛生同業組合、Food & Life
Director：赤松陽子（Air.+）、Photographer：後藤健治
（Photo Office真面目）、Designer：QULNE

31 日文原文作おかやまのすしと食。

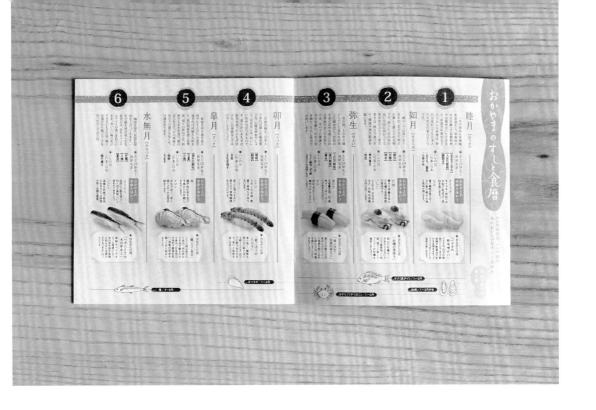

古早味 自然栽培米 [32]

核心概念是「為了孩子們。」，以老爺爺用慈祥心情和陽光孕育出的稻米為中心的商品企畫案的生活及餐飲企畫總監製。支援從品牌概念到各項商品名、原創商品的「古早味」歌留多紙牌食譜等整體製作設計。

Client：福田農產有限公司、Food & Life Director：赤松陽子（Air.+）、Photographer： 田伸一郎（田伸一郎攝影事務所）、Designer：QULNE

32 日文原文作むかし味 自然栽培米。

Air.+

自家公司的促銷廣宣工具。名片大小的公司簡介「蔬菜小卡」的效果絕佳，是只要收過一次就絕對不會忘記的工具。為了十周年紀念製作的摺頁中放入了滿滿的對大家的感謝、累積至今的實績、以及Air.+的心意與想法。

Food & Life Director：赤松陽子（Air.+）、Designer：洲脇孝俊（STAND FOUNDATION）、Web Designer：洲脇孝俊（STAND FOUNDATION）

創造永續的設計

各位已經閱讀了各種專案設計及規畫的案例及解說，但只靠設計是無法傳達飲食的本質的。如果本質不夠紮實，就算金玉其外，所得到的效果也不過是暫時的，一下子就會原形畢露。

飲食事業最重要的就是真誠面對食物的經營理念、平日的經營、服務、執行、對客人的款待之心，以上要素占了大部份。老實說，設計的角色只不過是其中一小部份，如果換成比率，就算再怎麼努力也不過約25%，這還是包含了建築設計、logo 及包裝設計、以及其他各種設計等全部的總合。雖說如此，人們卻常對這部份的效果抱持著超過數字本身25%的期待，如果這之間出入甚大便會打壞全體的均衡。因此如何去適切分配所有要素的比重是十分重要的。

在所有的要素達成了均衡後，才能真正掌握到飲食的本質，用設計的「思考方式」去釐清、傳達概念，去「永續發展」飲食與生活的傳統及文化，唯有如此，才能促進真正豐富的飲食發展。而我相信，當經手飲食的所有人皆認真地面對飲食並持續創造出符合時代的呈現及提案，就能讓更多更多人藉由「食」吃出快樂人生。

赤松陽子

Food is life

食べることは生きること
食べることが楽しければ
人生はもっと楽しい。

Air.+ Inc.

日本食設計

從概念、設計到宣傳，拆解11個日本飲食品牌策略

食と暮らしを豊かにするデザイン 地域らしさで成功するフード・ブランディング

作者	赤松陽子（Air.＋）
翻譯	周雨枏
責任編輯	張芝瑜
發行人	何飛鵬
事業群總經理	李淑霞
副社長	林佳育
副主編	葉承享
出版	城邦文化事業股份有限公司 麥浩斯出版
E-mail	cs@myhomelife.com.tw
地址	104台北市中山區民生東路二段141號6樓
電話	02-2500-7578
發行	英屬蓋曼群島商家庭傳媒股份有限公司城邦分公司
地址	104台北市中山區民生東路二段141號6樓
讀者服務專線	0800-020-299（09:30～12:00; 13:30～17:00）
讀者服務傳真	02-2517-0999
讀者服務信箱	Email: csc@cite.com.tw
劃撥帳號	1983-3516
劃撥戶名	英屬蓋曼群島商家庭傳媒股份有限公司城邦分公司
香港發行	城邦（香港）出版集團有限公司
地址	香港灣仔駱克道193號東超商業中心1樓
電話	852-2508-6231
傳真	852-2578-9337
馬新發行	城邦（馬新）出版集團 Cite（M）Sdn. Bhd.
地址	41, Jalan Radin Anum, Bandar Baru Sri Petaling, 57000 Kuala Lumpur, Malaysia.
電話	603-90578822
傳真	603-90576622
總經銷	聯合發行股份有限公司
電話	02-29178022
傳真	02-29156275
製版印刷	凱林彩印股份有限公司
定價	新台幣420元／港幣140元

2019年11月初版一刷・Printed In Taiwan
版權所有・翻印必究（缺頁或破損請寄回更換）
ＩＳＢＮ　978-986-408-552-1

國 家 圖 書 館 出 版 品 預 行 編 目 (CIP) 資 料

日本食設計：從概念、設計到宣傳、拆解11個日本
飲食品牌策略／赤松陽子（Air.＋）作；周雨枏譯.--
初版. -- 臺北市：麥浩斯出版：家庭傳媒城邦分公司
發行, 2019.11
　面；　公分
譯自：食と暮らしを豊かにするデザイン：地域らし
さで成功するフード・ブランディング
ISBN 978-986-408-552-1(平裝)

1. 餐飲業管理 2. 品牌 3. 日本

483.8　　　　　　　　　　　108018830

食と暮らしを豊かにするデザイン-地域らしさで成功するフード・ブランディング
©2019 Yoko Akamatsu
Originally published in Japan in 2019 by BNN, Inc.
Complex Chinese translation rights arranged through AMANN CO., LTD.
This Traditional Chinese edition is published in 2019 by My House Publication , a division of Cite Publishing Ltd.